·投考公務員系列·

海關

投考實戰攻略

Customs Recruitment Guide

匯合30年海關管理及前線工作經驗
重點講解投考海關高分策略
小組討論熱門題目及作答技巧

PASS

前海關訓練學校教官
謝煥齊 著

文化會社
culture cross

序

相比起其他地區和國家，香港海關是一很特別的海關部門。其他地方的海關工作，通常都是祗限於在關口做清關或收取關稅。但香港海關的工作涵蓋不同的範疇，除了關口的工作外，也會在市區緝毒、保護知識產權、保護消費者權益等。由於工作範疇廣，海關人員每隔數年一次的正常調動，都有「轉新工」的感覺，令海關的工作更富挑戰，絕不沉悶。

雖然新的管制站已陸續落成，香港海關需要的人手將不會大幅增加，但在未來數年，仍有海關人員退休、離職，故需要招聘人手填補空缺，這給年青人一個好的工作機會，去實踐香港海關的信念，全力服務社會。

欲成為香港海關的一份子，必先投考成功。從來，所有的工作投考，都沒有一固定的模式或範本，否則以現今的人工智能機械人，亦應可成功投考。香港海關須要的是對海關工作有熱誠、有擔當和有誠信的投考者。所以，此書並非單純是一本所謂必定投考成功的天書，而是一本給有上述潛質的投考者，好好參考，加深認識海關工作，掌握投考的要求，以便能突顯自己真實的一面，獲得聘用。

最後，祝願所有有志投考香港海關的讀者，能夠達成自己的目標。

推薦序

我認識 Herbert Sir（作者謝煥齊）經已超過30年，大家都曾在懲教署
服務。但殊途同歸，天意令我們最終在香港海關相遇，還能一起在海
關訓練學校任教，也渡過了我在香港海關最後幾年的流金歲月。

作為前任沙咀勞教中心的懲教官員，Herbert Sir在紀律訓練的經驗，
自然毋容置疑。到了在海關訓練學校，他無論在訓練課程的設計上和
招聘新生時的工作上，都給予校方很有建設性的貢獻，當中有很多意
見還沿用至今。

當年的學員也許已經成為今日的教官，當他們在操場上嚴厲申斥受訓

學員的時候，也許還留有當年老教官的身影。

這本投考海關工作的參考書，綜合了Herbert　Sir的多年經驗，對有意投考香港海關的年青人，提供了多方面的寶貴資料，十分有參考價值。讀者亦應珍而惜之。

金德和
前香港海關助理監督、海關訓練學校高級訓練主任

Chapter 03 ■ 重要資訊

Chapter 04 ■ 試前必讀

鳴謝

Chapter 01
投考海關關員

1.1 入職條件

香港海關的招聘

從 2017 年 10 月開始，香港海關關員的招聘工作，已改為全年進行。

A. 海關關員工作概述

香港海關關員主要負責執行有關保障稅收及徵收稅款、緝毒、反走私和保護知識產權的執法工作。關員須受《香港海關條例》所規定的紀律約束，並須穿著制服、佩帶槍械、不定時工作及於接獲有關要求時，在香港特別行政區以外的地區工作。

B. 申請手續

根據香港海關公佈，申請人可按下列方式提交申請：

(a) 透過公務員事務局網站（www.csb.gov.hk）遞交申請；或

(b) 將填妥的申請表格【通用表格第340號（3/2013修訂版）】郵寄至香港北角渣華道222號海關總部大樓31樓香港海關人事部聘任組（請在信封註明「申請關員職位」）。申請人毋須親身遞交表格。為避免郵件未能成功派遞，申請人在投寄前請確保信封面已清楚寫上正確地址及已支付足夠郵資。所有郵資不足的郵件將不會派遞至本部門，並會由香港郵政按情況退還寄件人或銷毀。申請人須自行承擔因未有支付郵費而引致的任何後果。以傳真或電郵方式遞交、或並非使用指定表格的申請，概不受理。

申請表格【通用表格第340號（3/2013修訂版）】可向民政事務總署各區民政事務處民政諮詢中心或勞工處就業科各就業中心索取。該表格也可從公務員事務局網站（www.csb.gov.hk）下載。

申請人現階段無須遞交任何有關學歷的證明文件。稍後，如申請人獲邀參加遴選面試，則須準備有關文件，以供審查。

由於邀請信及通知信將以電郵方式送出，申請人必須提供正確的電郵地址及確保電郵帳戶能正常接收郵件。

遴選程序包括體能測驗、小組討論及遴選面試。所有遴選程序只在香港舉行。申請人通常會在體能測驗日期前約兩個星期接獲電郵通知 [請參閱附註(f), (g) & (h)]。

申請人亦可透過香港海關網站，瀏覽招聘關員的遴選程序資料：

http://www.customs.gov.hk/tc/about_us/recruitment/index.html

C. 附註

(a) 除另有指明外，申請人於獲聘時必須已成為香港特別行政區永久性居民。

(b) 公務員職位是公務員編制內的職位。應徵者如獲聘用，將按公務員聘用條款和服務條件聘用，並成為公務員。

(c) 入職薪酬、聘用條款及服務條件，以發出聘書時的規定為準。

(d) 頂薪點的資料只供參考，該項資料日後或會作出更改。

(e) 附帶福利包括有薪假期、醫療及牙科診療。在適當情況下，公務員更可獲得房屋資助。

(f) 如果符合訂明入職條件的應徵者人數眾多，招聘部門可以訂立篩選準則，甄選條件較佳的應徵者，以便進一步處理。在此情況下，只有獲篩選的應徵者會獲邀參加體能測驗／小組討論。

(g) 政府的政策是盡可能安排殘疾人士擔任適合的職位。殘疾人士申請職位，如其符合入職條件，毋須再經篩選，便會獲邀參加體能測驗／小組討論。在適合受聘而有申報為殘疾的申請人和適合受聘程度相若的其他申請人當中，招聘當局可給予前者適度的優

先錄用機會。有關政府聘用殘疾人士的政策及其他相關措施載列於《用人唯才：殘疾人士申請政府職位》的資料冊內。申請人可於公務員事務局互聯網站參閱該資料冊，網址如下：http://www.csb.gov.hk內的「公務員隊伍的管理 - 聘任」

(h) 作為提供平等就業機會的僱主，政府致力消除在就業方面的歧視。所有符合基本入職條件的人士，不論其殘疾、性別、婚姻狀況、懷孕、年齡、家庭崗位、性傾向和種族，均可申請本欄內的職位。

(i) 持有本港以外學府／非香港考試及評核局頒授的學歷人士亦可申請，惟其學歷必須經過評審以確定是否與職位所要求的本地學歷水平相若。有關申請人現階段是無須遞交修業成績副本及證書副本。

(j) 申請人應盡早遞交網上申請程序，以及確保所有申請資料準確無誤。

D. 入職條件

A. i. 在香港中學文憑考試五科考獲第2級或同等或以上成績（註1及2），或具同等學歷；或

ii. 在香港中學會考五科考獲第2級／E級或以上成績（註2及3），或具同等學歷；

B. 符合語文能力要求，即在香港中學文憑考試或香港中學會考中國語文科和英國語文科考獲第2級或以上成績（註3），或具同等成績；

C. 在《基本法》測試取得及格成績（註4及5）；

D. 能操流利粵語；

E. 通過體能測驗；

F. 通過視力測驗；以及

G. 必須是香港特別行政區永久性居民。

註：

1. 政府在聘任公務員時，香港中學文憑考試應用學習科目（最多計算兩科）「達標並表現優異」成績，以及其他語言科目C級成績，會被視為相等於新高中科目第3級成績；香港中學文憑考試應用學習科目（最多計算兩科）「達標」成績，以及其他語言科目E級成績，會被視為相等於新高中科目第2級成績。

2. 有關科目可包括中國語文及英國語文科。

3. 政府在聘任公務員時，2007年前的香港中學會考中國語文科
   和英國語文科（課程乙）C級及E級成績，在行政上會分別被
   視為等同2007年或之後香港中學會考中國語文科和英國語文
   科第3級和第2級成績。

4. 政府會測試所有應徵公務員職位人士的《基本法》知識。在
   《基本法》測試取得及格成績，是學歷要求定於完成中學階
   段程度或以上但低於學位／專業程度的公務員職位的入職條
   件。申請人必須在《基本法》測試中取得及格成績方會獲考
   慮聘用。如在滿分100分中取得53分或以上（即在15題中答對
   8題或以上），會被視為取得《基本法》測試的及格成績。此
   外，申請人在《基本法》測試的成績會佔其整體表現評分的
   一個適當比重。（新安排適用2021 年8 月6日起刊登的公務員
   招聘）

5. 如申請人在申請公務員職位時仍未曾參加《基本法》測試或
   未曾在《基本法》測試考獲及格成績，仍可作出申請。他們
   會被安排在招聘過程中參加相關《基本法》測試。

E. 提示

(i) 海關關員職位通常接受申請人經互聯網遞交申請。可在公務員事務局網頁按「遞交申請」連結至有關網站。

(ii) 申請人應盡早遞交申請,以確保在限期前成功於網上完成申請程序。如未能進入網上申請系統,申請人可於公務員事務局網頁(http://www.csb.gov.hk)下載G.F.340申請表格,並按廣告內的指示,於截止申請日期或之前以郵遞或親身遞交方式將表格送交香港海關。

(iii) 考官在遴選面試,會持有一份考生的申請表G.F.340的列印本(hard copy)作為面談時的參考背景資料。若申請人士可寫得一手好字,建議手寫申請表格G.F.340,讓考官對考生留下良好印象。

(iv) 考生填寫的資料必須準確無訛和無錯誤,例如電子郵件信箱名稱或郵遞地址。

(v) 考生沒有年齡、高度和性傾向的限制。

F. 參考資料

PART 03   聘用條款和福利

PART 03   關員的訓練

1.2 體能測驗

海關關員的遴選流程

自 2016 年開始，香港海關關員的招聘取消
筆試項目，即考生不須再參加中、英文及
能力傾向測試，取而代之的是「小組討
論」。

一般安排，香港海關會將以下兩項測試放在同一天舉行：

(一) 體能測驗；

(二) 小組討論（須在體能測驗取得合格分數後才能參與）。

A. 第一關：體能測驗

體能測驗目的是評估考生的誠意和體格。若無準備，一般是不會成功。

香港海關的體能測驗，包括四個項目：立定跳遠、穿梯、靜態肌力測試及800米跑。有別於其他紀律部隊，男女計分標準都是相同。這些項目都經過科學分析，配合海關的特有工種而制定。

測試過程

到達海關訓練學校後，「招聘工作接待人員」（接待人員）會引領考生到更衣室更衣，之後在體育館進行測試。

(1) 立定跳遠

立定跳遠的計分方法：

表現	得分
少於165厘米	0
165至182.4厘米	1
182.5至199.9厘米	2
200至217.4厘米	3
217.5至234.9厘米	4
235厘米或以上	5

(2) 穿梯

穿梯的計分方法：

表現	得分
超過51.82秒	0
43.42至51.82秒	1
35.01至43.41秒	2
26.60至35秒	3
18.19至26.59秒	4
18.18秒或以下	5

(3)靜態肌力測試（包括上臂力、肩膊力、腿力及背力）

靜態肌力測試的計分方法：

表現	得分
少於127.56公斤	0
127.56至171.27公斤	1
171.28至214.99公斤	2
215至258.71公斤	3
258.72至302.43公斤	4
302.44公斤或以上	5

(4) 800米跑

800米跑的計分方法：

表現	得分
超過3分45秒	0
3分31秒至3分45秒	1
3分16秒至3分30秒	2
3分01秒至3分15秒	3
2分46秒至3分	4
2分45秒或以下	5

備註：以上計分方法適用於男、女考生。

合格要求：

考生必須於每個測驗項目中，最少獲得1分，及於四個測驗項目中合共獲得12分或以上，才算體能合格。

若考生在測驗中途，其中一項得0分，便會被終止測試，並須離開海關訓練學校；若考生經過首三項測試，卻仍只得6分，即使該考生最後一項全取5分，也不能達到合格的12分成績，亦會被終止測試，須離開海關訓練學校。

B. 如何為體能測驗做好準備?

香港海關提供的每項「體能測驗」準備如下:

(1) 立定跳遠

「立定跳遠」是一項腿力的測驗。各類跳躍練習都可以提升腿力,而與下肢有關的肌肉訓練都是提高腿部力量的良好方法,例如「深蹲」或以器械輔助進行「坐腿撐」及「坐腿伸」等腿部訓練。

(2) 穿梯

「穿梯」是一項身體敏捷度的測驗。「穿梭跑」、「50米短跑」及「俯臥撐」都是提高身體敏捷度的良好訓練方法。考生要提升在「穿梯」項目中的表現,可以多做上述運動。在正常情況下,如果考生能夠在12秒內,完成來回10米距離的穿梭跑兩次,便有機會在這項目中取得理想的成績。

(註:「穿梯」是海關特有的體能測驗項目,坊間並沒有相同的實體設備練習,考生祇能從香港海關網頁熟記步驟和技巧。)

(3) 靜態肌力測試

「靜態肌力測試」是一項包括上臂、肩膊、腿部及背部的力量測試,以四個測試所得力量的總和計算得分。考生要提升在這項測試的表現,可以多做以各大肌肉組群為對象的肌肉訓練,例如上臂、肩膊、背部及腿部等肌肉。

正常情況下,如果考生能夠從立定位置跳得175厘米的距離及能夠做到19次掌上壓,便有機會在這項目中取得理想的成績。

(4) 800米跑

「800米跑」是一項混合「有氧耐力」及「無氧爆發力」的運動能力測驗。如果考生要提升在「800米跑」的表現,可以多做跑步運動,而以「中快」的速度進行中距離(800米至1,600米)的跑步練習是有效的訓練方法。

C. 香港海關體能測驗的特色

由於香港海關的體能測驗不分男女，兩者皆用同一標準，故對女生而言挑戰性較高。

以下比較各紀律部隊的唯一相同項目（800米跑）的要求：

	0	1	2	3	4	5
海關	>3'45"	3'31"-3'45"	3'16"-3'30"	3'01"-3'15"	2'46"-3'00"	≤2'45"
入境	>5'08"	4'38"-5'08"	4'07"-4'37"	3'36"-4'06"	3'05"-3'35"	≤3'04"
懲教署(男)	3'50"					
懲教署(女)	5'13"					
警察（男）	3'11"					
警察（女）	4'29"					

就以上所見，香港海關和入境處都是男女同一標準，但香港海關要求較高。若男女分開比較，縱然男考生「800米跑」的要求跟其他部門相近，女考生的要求則相對嚴謹得多。舉一反三，男考生在香港海關的「800米跑」體能測驗的合格率偏高；女考生的合格率則較低。

D. 投考策略

由於男、女和個人的體質有差異,因此要應付體能測驗,除了有充分的訓練外還要有策略:

(i) 體能測驗的柔軟度和肌力要求高,考生更換運動服後,應立即做好熱身;

(ii) 合格總分要求是12分,亦即是平均每項要求有3分;考生在四個測試項目,每項必須要取得一分以上,才可以進入另一項測試。理論上,平均每項要求是要有3分,因此考生應該針對自己的強弱項進行特訓;

(iii) 例如男考生擅長跑步,必須提升自己至可以達到5分的水平;在不擅長的項目(例如穿梯),便要謹慎行事不要出錯,就算得到1分,亦足夠將兩個項目的平均分變成3分。

同樣道理,女生最大考驗是「800米跑」,要盡量多練習,達到最少1分之要求;

(iv) 根據過往觀察，男生表現最差的項目不是穿梯，卻是立定跳；女生表現最差的項目，則是肌力和「800米跑」測試；

(v) 穿梯項目的最高點，有約兩層樓高。如果有畏高問題的考生，必須先克服此心理障礙，否則可能會「卡」在最高點。

E. 體能測驗試前和考試後忠告

四項體能測驗對一位平常稍有做運動的考生,似乎並不困難。但臨場有很多因素影響表現:

(i) 熱身:做好足夠熱身,避免拉傷情況出現;

(ii) 氣溫:除了「800米跑」外,其他三項體能測驗都是在海關訓練學校體育內進行。在球場外進行的測驗,臨場的天氣影響很大,因此平常的訓練,亦須包括在炎熱的天氣下進行;

(iii) 心理:無可避免,每位考生都有志在必得的想法,結果產生壓力,容易影響臨場發揮。亦有考生可能早一個晚上,緊張得不能酣睡,令自己不可以集中精神。因此,考生實在要好好學習放鬆自己;

(iv) 運氣:運氣差的時候,不可能出錯的事,都可以出錯(梅菲定律):不知何故,鬧鐘不響、遲了起床、遲了出門、錯過了巴士班次。因為遲了,道路擠塞問題出現,到達海關訓練學校已接近關閘的時間,雖然沒有遲到,但已沒有早餐時間。所以一定要預算充足的時間前往考試場地;

(v) 服飾:體能測驗和小組討論是同日舉行,考生需要預備兩套

不同的服飾。所以睡前要做好準備，以免出門時才「倒瀉籮蟹」影響心情；

(vi) 當考生得悉自己在體能測驗過關後，便要盡快更換乾爽衣物，將心跳率調低至平常一樣，平復自己，準備下一輪的「小組討論」。

香港海關學院（操場）

F. 其他個人行為的考慮

(i) 紋身和講粗口可能是一種時尚,但考生須考慮是否與香港海關的部門文化相配合;

(ii) 聽從「接待人員」指示,關掉手機,不要玩手機或進行「打卡」等行為,影響自己的專注力;

(iii) 測試合格後,請安靜地跟隨「接待人員」到「小組討論」等候室。或者引用《大學》的智慧:「知止而後有定,定而後能靜,靜而後能安,安而後能慮,慮而後能得」。心靜可以令自己表現更佳。

1.3 小組討論

考生必須於體能測驗取得合格的成績，才可繼續參與同日在海關學院舉行的小組討論。

考生亦必須於小組討論的環節取得合格的成績，才可繼續參與於另一日舉行的遴選面試，即所謂「最後面試」（Final interview）。

小組討論就是聚集一群人，為了一條題目，互相去作討論、表達自己的意見，而這些意見，絕對沒有百分百的對或錯之分。

A. 小組討論形式

香港海關投考關員的小組討論形式,跟投考海關督察或其他紀律部隊,可謂大同小異。

1.　由於海關工作是經常與市民接觸,對海關人員的要求是傾向外向型。故此在小組討論環節中,測試的是時事或民生等實際題目,去觀察考生對社會的觸覺,而非概念性議題;另外,爭議性較大的政治議題,亦會盡量避免;

2.　投考關員考生祇須用廣東話討論一條題目;

3.　每位考生會給予1分鐘時間就題目表達自己的觀點,然後考生會就其他考生所提出的觀點自由討論。整個題目的討論時間,以10人為計,大約是25分鐘;

4.　除特殊情況,一般的討論人數不會少於6人;

5.　討論期間,考官祇會作為一位觀察者,不會作出干預;倘若考生作出干擾性的行為,考官才會採取行動制止;

6.　考生不可以用筆及草稿紙寫下任何重點。

B. 小組討論流程

（以香港海關最後安排為準）

1. 考生完成最後一項體能測驗項目800米跑後，主考單位會讓及格考生更衣；

2. 隨後接待人員會帶領考生到其中一大課室（演講廳）集結；

3. 接待人員會安排6至10位考生為一組，再輪流抽一個號碼以編配其小組討論座位；

4. 考生每人會被分派一個印上號碼的證件牌作識別之用；

5. 當小組討論的考官已準備妥當，接待人員帶領全組考生到小組討論房間；

6. 進入房間後，考生按其已編配的號碼，依次按座號坐下及放下隨身物品；

7. 座枱會佈置為半月形，讓考官可以清楚望見每一位考生，而考生亦可以互望；

8. 考生跟從考官的指示，用枱上的筆，在長方形的紙條上寫下自己的姓名，然後放進枱上的膠名牌座內；

9. 考生再被提醒關掉手機。

C. 正式討論安排

1.　當考生全部安坐後，其中一位考官便會首先介紹自己和其餘兩位考官（即共三位考官：一位高級督察及兩位督察）；

2.　考官會講解小組討論的規則、流程和注意事項；規則重點包括題目顯示後，計時便開始、考生發言次序安排、自由討論的時間長短；

3.　同一時間，另一名考官會核對各考生的姓名和座位次序；

4.　考官會以電腦抽出一個號碼（一條中文題目）；

5.　題目會顯示在螢光幕上；

6.　考官會根據桌上的計時器，給在座考生作一分鐘的準備；

7.　一分鐘過後，考官會依照考生已編配的次序，呼喚考生作一分鐘發言；在一分鐘時間完結前，計時器會作出提示；

8.　個別輪流發言後，考官會宣佈考生可以開始作剩下大約10至15分鐘作自由討論；

9.　時間一到，考官會宣佈小組討論結束；

10. 小組討論完畢，考生可以執拾個人物品和膠名牌內寫有自己的姓名的紙條，再由接待人員帶離房間；

11. 考生離開房間後，三位考官便會作仔細的討論，逐一商討考生表現，到最後達成一致的意見。

D. 考生的小組討論策略

小組討論不是個人表演的場合。考生須清楚自己如何可以符合香港海關的要求，而不是揣測考官的要求。

在考官抽出小組討論的題目後，考生有1分鐘思考、理解題目，但不可以用筆及草稿紙寫下任何重點，只能單憑記憶，因此考生會面對很大壓力，包括：

(i)　對討論的時事題目的瞭解程度；

(ii)　如何消化題目、組織準備表達的內容；

(iii)　如何在1分鐘時限內將所想的重點，有序地表達；

(iv)　不自覺地揣測考官想得到的答案

考生的準備工作，可分為三個層面（見下頁）：

1. 題目的理解

小組討論的題目,一般是時事或民生議題。社會是不斷進步和變化的,每次招聘所訂立的小組討論題目是很「貼地」。因此,考生若要在討論中發揮得好,最根本就是多認識這等議題。

若要深入認識這些議題,絕不能於一夜之間速成。考生必要在平常生活中,多些留意新聞,細心咀嚼內容,理解政策的原因和實施,不要單單做「標題黨」。若臨場對題目真的不認識,也要利用字面去解說。否則一分鐘過後,會啞口無言,搭不上嘴,無法表達。

2. 一分鐘思考、表達討論題目

在考官抽出小組討論的題目後,考生有一分鐘時間思考、理解和消化題目,兼且部署如何可以有條理地陳述。 同時間,考生不用費神去揣測考官的心意,此因考官為了維持中立地位,不會對特定的題目,存在太強的偏見。

如果你是抽到第一號的考生,當然可以暢所欲言。假若你是第二、三或四位,甚或第十位,你又如何顯示有個人的想法,兼又不重複之前考生的所有説話?這不是一容易應付的難關。所以在此一分鐘思考時間內,考生一定要做好自身的工作,準備很多點子(points),令考官感到説話有條理,言之有物,給考官好的「第一印象」。這些點子不可能在一分鐘個人表達時間內全盤表達出來,部分點子須要留在自由討論時才發揮。無論如何,若考生非第一位發言,一定不可以完全重複之前考生的觀點,必須要顯示有個人的想法。

發言時,要跟考官和其他考生眼神接觸。

除了知識上準備外,更要為表達技巧做好準備,否則正式討論時,縱使滿腦子有很多合理、建設性的意見,也變成「深藏不露」,不懂表達。平常可以練習看見一題目,先去分析定義、背景成因、再找出利弊,不能流於表面。整個過程不用紙筆,全憑腦海去記錄。最後試用一分鐘時間來表達。祇有不斷練習,才可以變流暢。

正式輪流發言

到了正式輪流發言一分鐘的時間內，考生必須留意「第一印象」是十分重要的。在芸芸眾生中，令考官感到說話有條理、言之有物。若考生非是第一位發言，一定不可以完全重複之前考生的觀點，必須要顯示有個人的想法。

所有考生完成個人的一分鐘發言後，小組的自由討論才正式開始。

3. 自由討論

在自由討論時間內，平均每位考生的表達時間只是一分半鐘，基本上小組討論不是辯論大會，所以不用刻意反擊其他考生的意見。考生祇要專注表達自己的看法便可。

可是考生亦不應在這環節，表現出唯我獨尊、滔滔不絕，霸佔了餘下的討論時間。考官重視的是考生的態度，是否為了突出自己，剝奪其他考生表達的機會。另一方面，若考生過度沉默，不能突顯考生的優點，亦即是不能成功。因此，在討論期間，考生首要妥善地去爭取發言的機會，不要讓機會溜走，但亦不可打擾他人，例如中斷別人說話，奪取發言機會。

當獲得機會發言時，考生便要好好把握，精要地將論點道出來，每次發言都不應過度冗長。

E. 總結

總而言之，考生在討論過程必須：

1. 保持冷靜，絕對要留心其他考生的說話；當引述他人的話時，更不可有錯誤的資訊；

2. 發言時，要簡潔易明，立場一致、有明確的方向作申論，不能左右逢源，試圖討好任何一方；

3. 若對題目不完全理解，唯一可做的是在最初數分鐘，祇聽不說。當掌握後，即要加入討論；

4. 若無己見，也要去蕪存菁，有條理地重複其他考生的論點；最後以自己能消化的要點，作為發言的立場；

5. 無論如何，到最後一定要爭取發言的機會，謹記「無發言，無希望」，最少要發言一次，考官是可看透情況，或會給予期間未能多次成功爭取發言的同情分數；

6. 不可跟其他考生爭論，這不是辯論大會，祇要陳述己見便可；當受攻擊時，要懂得冷靜處理；

7. 不要壟斷發言時間。保持紳士形象。

8. 討論期間，考生要高度集中精神，所思所想的有條理表達出來，這有賴個人必定要平靜、有信心，更重要的是專心。

9.　要留意計時器顯示的剩餘時間，作最後一擊或最後發揮。

10.　考官會在意每個人的身體語言，會否「夢遊」、「蔑視他人的意見」、「搖頭嘆息」等。因此考生要保持冷靜，尊重他人態度。

F. 考生其他注意事項

(i) 體能測驗後，盡快平伏自己及更換乾爽衣物，令自己感到舒適；

(ii) 討論期間，保持好的坐姿，不要懶洋洋、玩弄手指、「搖腳」等動作；

(iii) 冷靜思考，理解問題要有前因後果；

(iv) 說話清晰，有條理，不可以說話太快或咬字不清；

(v) 發言時，要跟考官和其他考生有眼神接觸；

(vi) 留心其他考生發言，將他人的發言重點記憶下來；

(vii) 最初一分鐘發言會影響考官印象，所以必須言之有物；

(viii) 若討論過程中，苦無機會發言，到尾聲時，也要作最後一擊，爭取發聲。一位從無發言的考生，考官是無從作出評核的；

(ix) 應該有既定的立場，才可以在小組討論中，有明確的方向作申論；

(x) 若考生對題目沒有特別意見、不熟悉或不理解題目時，都要消化其他考生的要點，作為發言的立場；

(xi) 考官是希望從「小組討論」測試中，觀察到投考生的特質，而不是想看見投考者互相拼個你死我活，所以勿針鋒相對，也不可以抱住「不是你死、就是我亡」的心態；

(xii) 當受攻擊時，要懂得冷靜處理；

(xiii) 要留意計時器顯示的剩餘時間，作最後一擊或最後發揮。

G. 考官的考慮

海關部門非常重視小組討論這個環節，所有的考官都是經過挑選，由不同科系借調組成。此外，所有考官事前都會接受短期的訓練。確保清楚了解小組討論的目的和運作，同時能夠達到一致的評核標準，因為考官都已是有經驗的海關人員，對社會或民生問題都有一定認識，因此可以理解每位考生的發言內容。

考官同時發揮香港海關的「專業承擔」精神，在小組討論過程中會專心聆聽各考生的言論，然後作出評核。整個討論中雖然並沒有錄音，但考官會握要地記錄每位考生的發言，並且觀察考生的表現。

當考生離開小組討論房間後，三位考官便會作仔細的討論，逐一商討考生表現，而達成一致的意見。

H. 評核要求

正如前文所說，海關關員要面對市民，因此對人際關係的著重會較高，評核要求是要顯示考生的：

1. 廣東話表達

2. 團隊導向

3. 問題敏感性

4. 承諾（Commitment）

5. 人際溝通

海關部門本身是非常重視小組討論環節的，所有的考官都是經過挑選，由不同科系借調組成。此外，所有考官事前都會接受短期的訓練。確保清楚了解小組討論的運作和目的，同時能夠達到一致的評核標準，因為考官都已是有經驗的海關人員，對所有的社會或民生問題都有一定認識，因此可以理解過考生的發言內容。

考官除了聆聽各考生的言論然後作出評核，亦會留意考生有否保持好的坐姿，不懶洋洋、玩弄手指、「搖腳」等動作；整個討論中雖然並沒有錄音、錄影，但考官會據要地記錄每位考生的發言，兼觀察考生的表現。考官是希望從「小組討論」測試中，觀察到考生的特質，而不是想看見考生互相拼個你死我活。

由於考官沒有配額的包袱,所以參加一組小組討論的6至10位考生,可以憑着自身表現,全部被評為合格;但亦可以因為表現不理想,全部被評為不合格。考官是會公平公正地去作出評核。

I. 小組討論題目

因為小組討論題目是很「貼地」,多年前社會還討論是否應有死刑。但時代的演變,在香港已經不會有人談論死刑的存廢,所以「香港應否有死刑」之類的問題,通常不會出現在小組討論中。

因此,考生要更認識當前的議題。例如經常討論的房屋問題,涉及土地及政策兩方面,會出現諸如:白居二、綠置居、公屋輪候時間、棕地等不同議題。另外其他議題,如:交通擠塞、電子道路收費、隧道收費等交通問題、體育發展、精英運動員、教育制度等,都要關注。

J. 參考資料:

PART 04 中學文憑試(DSE)vs 小組討論

PART 04 模擬小組討論題目

1.4 遴選面試

考生通過體能測驗、小組討論合格和基本法測試後，最後一關，是遴選面試。之後，經過品格審查和體格檢查，才會被考慮聘請為海關關員。

遴選面試是考生唯一一次，海關考官能夠近距離觀察考生的言和行、甚至瞭解學生的性格，是否適合當關員。根據公務員事務局指引，為了公平對待考生，面試一般須時 20 分鐘。

A. 過往的安排

1. 考生根據通知信上的編排時間，到達香港海關總部；

2. 接待人員會核對考生的學歷文件；

3. 當準備妥當，接待人員便會引領考生到不同的相關面試室；

4. 考生會被安排在面試室門外等候，接待人員會將考生的個人背景檔案，交給考官參考；

5. 當考官準備妥當後，其中一位考官便會召喚考生進入面試室面試。

B. 考官的組成

遴選委員會一般是由三名海關官員組成，包括一位助理監督（Assistant Superintendent）、一位高級督察（Senior Inspector）、一位督察（Inspector）。

遴選委員會考官這崗位並不是恆常設有的。祇是為了招聘任務，從不同的科系（俗稱「環頭」）的指揮官推薦組成。故此，考官各有不同的工作經驗，視野層面亦更廣。

C. 考官的準備

所有被安排擔當遴選考官工作的海關官員，都會接受短期的訓練，清楚理解遴選的目的、程序、技巧、部門的要求。目的是要令到所有考生，得到公平公正的對待，使得揀選適當的人，去擔當香港海關適當的位置。縱使官階上有高低之分，但香港海關的部門文化，在這類遴選委員會內，並無一言堂情況出現。

D. 遴選準則

考官主要觀察考生是否擁有以下的特質：

1. 自信心

2. 誠實

3. 使命感

4. 説話有條理

5. 視海關工作為終身職業，不是「騎牛搵馬」

6. 具有紀律部隊的特質

7. 抗壓能力

E. 面試室的編排

所有面試室擺設，都是大同小異。如是課室，中央設有一椅子，讓考生坐下來面試。在考生的對面，距離6至7呎左右，就是考官所坐的枱和椅子，成為所謂「三師會審」的格局。倘若會議室被安排作面試，則考官和考生的距離將會是一張大會議桌，仍保持「三師會審」的格局。

F. 正式面試的安排

1. 考生根據通知信上的編排時間，到達海關總部地下大堂（以往是在大欖涌的香港海關學院）。遲到者不會被安排面試；

2. 接待人員會核對考生的學歷文件；

3. 完成文件檢查，考生在大堂等候安排，並安排抽籤到不同的遴選委員會（Interview board），而通常為了加快遴選速度，會安排多於一個遴選委員會（一般是三至四個）；

4. 當遴選委員會準備妥當，接待人員便會引領考生到不同的樓層的面試室；

5.　考生會被安排在面試室門外等候，接待人員會將考生的個人背景檔案，交給內裡考官參考；

6.　當考官準備妥當後，其中一位考官便會召喚考生進入面試室面試；

7.　面試完畢，考生離開，接待人員會帶領返回大堂，離開海關總部；

8.　考生若此前未有基本法成績測試，會被安排測試。

G. 面試過程

不同考官為了要令考生有機會表現真實的一面，會採取不同的面試策略，但實際分別不大：

1.　考生由接待人員引領到面試課室門外等候，接待人員就會將考生的個人檔案，交予課室內的考官。此份個人檔案，包括了考生的投考書（G.F. 340）小組討論成績、體能測驗成績、和基本法成績（如考生已考取）及考生有關的學歷證書副本；

2.　三位考官接收到檔案後，便會快速地閱讀資料，找出考生的背景和特點，相互分享資訊，稍作討論，有默契地建立共識。當準備就緒後，考官便召喚考生進入課室來開始面試；

3.　考生進入課室坐下後，面試正式開始。考官會再次詢問考生

姓名，確保沒有弄錯；

4.　然後其中一位考官，會介紹遴選委員會目的、組成成員，包括自己和其餘兩位考官，簡略地講出面試流程。如果考生沒有問題，面試便會正式開始；

5.　通常考官會首先要求考生作一簡短的自我介紹，作為開場的「暖身」。令考生減低緊張的心情，聚精會神去表現優秀的一面。至於時間的長短，一般都是一至兩分鐘；

6.　考生完成自我介紹後，考官會根據考生所談及的個人經歷和得到的其他訊息去提問，主要圍繞學業、工作、興趣、專長、對海關的認識、情景等問題來認清考生，深入了解，看看考生是否踏實、有上進心，有誠信等素質、適合擔當海關關員職位；

7.　若跟隨投考申請書的次序，第一項填報的是學歷。雖然每一考生的學歷都達到投考最低要求，但考官還想知道考生中途輟學，又或公開試成績欠佳的原因，讓考官更瞭解考生的個性。如果考生是一名大學畢業生，考官會有興趣知道為何考生不「學以致用」，嘗試本科有關工作，反而投考關員職位；

8.　除了學歷，工作亦是考官關注的題目。考官一般都會對考生過去或現在所做的不同工作有興趣，如考生轉換工作頻繁，又或長時間賦閒在家，考官亦會希望知道個中原因。此外，考官也對考生甘願放棄現有的穩定工作有關注。對此考生要做好準備應對自身的工作經歷。

9.　為了瞭解考生的性格，考官會詢問考生的興趣，例如下班後工餘時間所作的活動。實際上考官對學生的真正興趣，是看考生的性格、表達能力和堅持能力，並非執著於某一項興趣。當然若興趣單純是「打機」、「睡覺」之類，考官一定會有不同看法；

10.　除了上述的興趣問題，考官會發掘考生的專長，包括運動、技能、外語或方言上突出之處，目的是增加部門的人才庫，填補需要。考官普遍對傑出運動員有好感。出色的運動表現，代表考生經得起艱辛訓練，性格上會是較有毅力和吃得苦。在技能上，若考生持有不同行業或組織所考取的資歷，會對增加部門人才有裨益。至於能熟悉外語或其他方言的考生，會在日後工作上接觸市民時更方法便溝通，所以有投考的優勢；

11.　此外，考官一般都要知道考生投考香港海關的原因。一如其他問題，這條問題是沒有絕對答案。假若考生投考的單一原因是「薪高糧準」，恐怕會令考官擔心考生的忠誠度。至於其他的特殊原因，例如「父母之命」、「感召」、「身體流著海關的血」等，就要看考生是否可以打動考官；

12.　承接上述投考原因，考官會憂慮考生是否對紀律部隊生活有興趣。透過不同的提問方式，考官很容易知悉考生是不是「忽然紀律」、「清楚何謂紀律」、「如何培養紀律部隊心」等？考官祇會考慮真心對紀律部隊生活有興趣的考生。因此考官明白考生除了投考香港海關外，亦會投考其他紀律部隊。所以若考生有投

考其他紀律部隊，也是平常之事。因此考生被問及如被其他紀律部隊取錄，怎樣取捨？考生就以自己的偏好來真心回應；

13. 為了考驗考生的誠意，考官會要求考生回應對海關工作的認識。考生對於香港海關部門的認識深淺，正是代表投考的誠意。問題包括：

(i) 對政府和海關高層人士的認識，如保安局局長、海關關長和副關長等；

(ii) 香港海關的期望、使命、信念、價值觀、口號、徽章；

(iii) 部門的關愛文化、員工對誠信的重視；

(iv) 香港海關組織架構即五個處的認識，特別是日常會接觸的邊境及港口處；

(v) 海關專業的工作，包括緝毒、反走私、反侵犯版權、執行商品說明條例、出入口清關、稅收、搜查船隻和車輛；

(vi) 海關部隊跟貿易管制主任的分別。

14. 另外為了考驗考生受壓能力，考官會擬定一些處境問題。這些問題牽涉到考生的普通常識、價值觀、理解和應變能力。因為要即時回應突如其來的問題，正好評估考生的特質；

15. 義工服務。考官會從考生過往義工服務經驗，認識考生的性格。所謂「義工經驗」，並非單次賣旗，而是較長期的服務。

H. 考生的準備及面試策略

1.　雖然考官對於考生的服飾，一般不會有特別要求。但除非有特殊原因，考生應穿着西裝，女考生則穿着套裝，款式是傳統、大方得體的。可是單有外表，並不足夠，一定要顯得端莊、光鮮企理，衣服不皺，以示對面試的誠意和重視，亦令考官感到考生自理能力強；

2.　考生在課室外等候期間，不要玩手機，要安靜地等待，不要作出任務小動作，諸如玩手機。等候時間不會太長，不要讓路經的海關人員或考官留下不專心印象；

3.　考生進入課室後，應輕聲關門，不要製造無必要的噪音。當行至放在中央的椅子時，不要直接坐下。先跟三位考官打招呼，有禮貌地説聲「早晨」或「午安」；

4.　當考生被邀就坐時，也要安靜，不要拉動椅子，製造噪音；

5.　坐下後，考生應要挺直腰，雙腳和雙手放好，顯得有神，有信心和集中精神去面對三位考官；給考官有禮，有信心的第一印像；

6.　考官一般都會善待考生，沒有留難考生之意圖。若第一條問題是熟悉的自我介紹，考生只要利用這時段，集中精神，適應課室環境和考官目光，緊張心情就可以平復；

7. 當自我介紹完結，考官開始發問，考生聽清楚後就要回答。假如問題是考生「貼中」的題目，也不要像背書一樣平舖直敘唸出來或流露興奮之心，滔滔不絕，說過不停；

8. 每天考官都要對一定數量的考生，進行遴選面試。對過度客氣的說話，並不感到興趣。例如考官每問一條問題，考生回應「多謝考官提問」，一次面試，不斷重複上述的回應，祇會令人煩厭；

9. 要是所問的問題，是考生自己不熟悉或忘記的，就要直言不諱。例如有關四項應課稅品，如果是死記或忽然「腦塞」，緊張得祇記起其中三樣，就直接告知考官，不要浪費考官的時間在等待答案；

10. 不能說謊或誇大言詞。正如之前所說，考官都是有經驗的官員，觀察入微，祇要考生有任何謊言，很快就會看得出來，顯示誠信有問題；

11. 如果考生遇到考官跟進問題，可能祇是考生表達不清，因此需要弄清原委，在此情況下，考生不必慌張，祇要重新組織，淡定地回答便可以；

12. 考生須熟悉海關部門的工作，尤其是平時市民可接觸到的工作，例如口岸的行李和貨物檢查等清關工作；

13. 面試完畢前，考官通常最後一條問題會是問考生「有無問題想問？」。如果考生無問題，就答「無問題」。考官便會請考生離開。考生不要問考官一些關於個人表現的問題。考官對於考生的評價，並

不會即時作出回饋;

14. 面試完畢後,考生要有禮貌地道別,自行輕輕關門,離開課室便可以;

15. 最後提示:如果考生是吸煙者,請不要將煙味帶進課室,因為考官已習慣政府的無煙辦公室工作環境。

I. 考官發問的問題

在整個遴選會面過程中,三位考官都會輪流發問,一般而言,考官是要揀選一位配合考海關獨有文化的人士作為海關關員。實際上,考官的要求最主要看考生是否有上進心、踏實、有誠信等素質。過程大概如下:

1. 大約一分鐘的自我介紹,是讓考生作為暖身之用,令考生減低緊張的心情,聚精會神去表現優秀的一面;

2. 自我介紹之後,考官會跟進剛才考生所談及的個人經歷。跟進問題主要包括工作、學業、興趣、專長和其他問題等來認清考生的質素。

J. 跟進問題

(1) 工作：考官一般都會對考生過去或現在所做的不同工作是有興趣的，根據考生的投考申請書（G.F. 340），如考生轉換工作頻繁，又或長時間賦閒在家，考官亦會希望知道箇中原因。此外，考官關注考生甘願放棄現有穩定工作的立場；

(2) 學業：如果考生是一名大學畢業生，考官有興趣知道為何考生不「學以致用」，嘗試與本科有關的工作；要是僅達到投考的最低要求，考官亦想瞭解公開試未能取得好成績的原因；

(3) 興趣：為了解考生的性格，考官會問關於考生的興趣，實際上考官對學生的真正興趣，是看考生的性格、表達能力和堅持能力；

(4) 專長：考官問考生的專長，包括運動、技能、外語或方言上突出之處。目的是發掘適合人才，填補海關部門的需要；

　　(i) 運動：出色的運動表現，代表考生較有毅力和「吃得苦」去接受訓練；

　　(ii) 技能：不同行業或組織所考取的資歷，代表考生是否適合部門的需要。

(5) 考官對考生申請海關接這職位感到有興趣的原因，是否單純為「薪高糧準」，還是還有其他原因呢？

考生為何對紀律部隊生活有興趣？如何受到紀律部隊的感染？或

者因為投考而忽然喜歡紀律部隊工作？有沒有投考其他紀律部隊？如是，報了哪一個部門？如果有選擇，如何取捨？

(6) 海關工作的認識：考生對於香港海關部門的認識深淺，正是代表考生投考的誠意。問題包括：

　　(i) 高層人士 ── 對海關關長和副關長的認識

　　(ii) 香港海關的價值觀、口號、徽章

　　(iii) 誠信的重視

　　(iv) 關愛文化

　　(v) 架構 ── 五個「處」的認識，特別是日常會接觸的「邊境及港口處」

　　(vi) 海關擅長的工作 ── 緝毒、反走私、清關、搜查船隻和車輛

　　(vii) 海關部隊職系跟貿易管制主任職系的分別

(7) 處境問題 ── 考驗考生的普通常識、應變能力和是否可以抵受壓力；

(8) 義工服務 ── 從義工服務經驗，認識考生的性格；

(9) 基本法成績 ── 基本法成績，並沒有顯示及格或不及格。但如果考生的分數低，會給考官多一項的考慮因素。

簡單而言，考官從交談中，找出考生的素質，配合部門的需要。

K. 考生的應對

1.　考生是不可能預測所有問題，然後事前預備答案。除了海關的知識，網頁上有標準答案，其他的問題是要學生「執生」。唯一不爭的事實，是考生所表達的，都是要從心出發，並無虛假；因此考生若嘗試去揣測長官的意旨，搏取好感，是徒勞無功的

2.　一般來説，答案是沒有對或錯之分，例如為了投考海關關員工作，放棄原有工作，專心投考，究竟是「破釜沉舟」、「不思進取」或「逃避現實」，就衹有在乎考生的表述；

3.　因此考生要表現出來是誠實可靠（honest and reliable）、有責任心、重視投考的工作，突顯誠意，取錄的機會自然較高；

4.　由於考生所坐的位置，跟考官有一段小距離，考生應對時的聲線，必須足以令考官聽得到和感到舒適；

5.　每次回應考官問題，考生不能簡單的一句「是」或「不是」，必須要闡釋清楚，但也不能太冗長；

6.　回答問題時，考生要堅定有信心，如果愈來愈無信心，聲線自然會下降。如果所説的不是真話，更不能流暢地或有信心地表達。

7.　考生的視線，除了向着發問的考官外，亦要間中望向其他兩位考官，獲取認同。

因此考生若嘗試去揣測長官的意旨，搏取好感，是徒勞無功的。

總括而言，考官不是期望遇到一位能言善辯的考生。反之，考官是希望取錄一位對海關工作有誠意、有信心、顯得可靠的考生，來填補海關的職位，使得香港海關獨有的文化和價值觀，得以延續下去。

參考資料：

1.5 小結

所謂知己知彼，考生要成功考進海關，必須要對自己的能力有認知，同時亦要清楚理解部門對考生的要求。

未來機會

過去3年，香港海關督察和關員職系的退休人數如下：

職系	2018-19	2019-20	2020-21 （截至2021年2月28日）
關員職系	126	116	81
海關監督/督察職系	28	28	19

香港海關預計在2021-22財政年度，聘請約90名海關督察及170名關員，以填補空缺。而2021年後，要填補的空缺仍不少。

Chapter 02
海關實務

2.1 發展歷史

要認識一個人、一個部門或者一個國家，
必須先認識其歷史發展。

2009 年，香港海關慶祝成立一百週年。亦
即其歷史發展始於 1909 年。但實際上，香
港海關的發展，可追溯至開埠初期。以下
簡略介紹香港海關的百年發展。

A. 香港海關發展簡介

前身	
1841	香港開埠後，成立船政署（Harbour Department），規管到港商船停泊在指定碼頭，並須在離港前通知船政署。其後，船政署增加辦理船隻註冊、入港登記、申報載貨資料及清關等工作。
1887	香港政府成立出入口管理處（Import and Exports Office），隸屬船政署，主要工作包括整理出入口統計數據和監管香港進出口的鴉片。
成立	
1909	緝私隊（Preventive　Service）於9月17日成立，隸屬出入口管理處，負責向酒精飲品徵稅。
發展	
1934	首個總部以外的分處 - 上水緝私隊管制站啓用，藉此加強夜間巡查領有牌照的蒸酒房、搗破非法釀酒活動，以及登上火車搜查違禁品等。
1941	日軍於12月8日襲擊香港，緝私隊解散。
1945	戰後緝私隊重組，協助政府對食米等物資的供應進行管制。
1949	原出入口管理處與物料供應、貿易及工業署（Supply, Trade and Industry Department）合組成為新工商署（Commerce and Industry　Department）。聯合國配給糧食行動結束，出入口管理處改稱為工商業管理處，轄下緝私隊恢復進出口管制、保障稅收及打擊走私等工作。
1954	緝私隊重組。重組後包括三個部門：總部（負責行政及檢控）、B組（負責緝私及工業行動）、C組（負責徵稅工作）。
1957	政府開始徵收甲醇稅（至1972年）。
1963	《緝私隊條例》（Preventive Service Ordinance）正式生效。緝私隊法定地位確立。
1967	緝私隊再次重組，根據職務責任，劃分為稅務課、緝私行動課和訓練及行政課。

1974	6月13日，位於大欖涌香港緝私隊訓練學校正式啟用。
1975	就發生甲醇酒（methyl alcohol）中毒事件，緝私隊動員100人，以「劉伶」為行動代號，在全港回收毒酒，共搜查了121個場所，最終拘捕罪犯並控以誤殺的罪名。
1976	甲醇稅再納入規管。
更名	
1977	工商署進行改組後，轄下的緝私隊亦改稱香港海關（Customs & Excise Service）。
獨立部門	
1982	香港海關於8月1日成為獨立部門（Customs & Excise Department）。
1984	香港海關正式加入海關合作理事會（Customs Co-operation Council (CCC)）。
1985	徵收化妝品和非酒精類飲品（如汽水）稅款，至1992年終止
1987	香港加入世界海關組織（World Customs Organization），簡稱「WCO」。
1989	香港海關重組，由原來以地域劃分，轉變為以功能劃分；毒販財富調查課於8月1日成立；落馬洲管制站於12月29日啟用。
1993	香港海關開始負責汽車，於11月1日首次登記稅評估工作。
1996	香港海關架構重組。重組後，共設五個分處：行政及稅務處、口岸及毒品處、管制及知識產權處、貿易管制處和文職行政處。
1997	回歸中國，保持獨立關稅地區的地位。
1998	赤鱲角國際機場於7月正式啟用。
1999	香港海關慶祝部門成立90周年。
2003	3月11日，於落馬洲管制站設置兩座「固定X光車輛檢查系統」（Fixed X-ray Vehicle Inspection System）。
2005	各口岸實施「紅綠通道系統」。
2010	5月推出道路貨物資料系統（ROCARS）；10月海關總部大樓落成（The Customs Headquarters Building completed）。
2012	4月，推行香港認可經濟營運商計劃（Hong Kong Authorized Economic Operator Programme launched），簡稱AEO。

2013	6月，啟德郵輪碼頭（Kai Tak Cruise Terminal）啟用。
2015	12月，推行自由貿易協定中轉貨物便利計劃「中轉易」（Free Trade Agreement Transhipment Facilitation Scheme），簡稱FTA Scheme。
2016	3月，推行「跨境一鎖計劃」（Single E-Lock Scheme）。
2018	廣深港高速鐵路西九龍總站分別落成（23.9.2018）； 港珠澳大橋香港管制站（24.10.2018）； 12月，海關訓練學校的督察基本訓練課程及關員基本訓練課程，成功通過香港資歷架構評審； 貿易單一窗口（第一階段）實施（28.12.2018）。
2019	「海關訓練學校」正名為「香港海關學院」（1.1.2019）； 「跨境一鎖計劃」在廣東省內的清關點數目已由2018的三十二個增加至 2019 年五十一個，當中包括在珠海首次設立的清關點，令更多取道港珠澳大橋經香港轉運的貨物受惠（17.1.2019）； 11月中起，警務處處長根據《公安條例》(第245章)第40條，委任香港海關和其他紀律部隊人員為「特務警察」（Special Constables），以增加警方的人手。
2020	三位海關人員晚上在一艘海關巡邏艇執行職務期間喪生（21.1.2020）； 香園圍管制站口岸落成，提供貨物清關服務（26.8.2020）； 深圳灣管制站提供24小時貨物清關服務（10.12.2020）。
2021	計劃深圳灣管制站提供24小時旅客清關； 計劃香園圍管制站提供旅客清關服務。
2022	貿易單一窗口（第二階段）。
2023	貿易單一窗口（第三階段）。

註 1：立法會 CB(1)779/16-17(03) 號文件

2.2 價值觀

部門的信念和價值

一如其他發展良好的機構，香港海關有其獨特的信念和價值。更因香港海關是一紀律部隊，最大的價值仍是服務社會。根據網頁，香港海關的期望、使命及信念如下：

A. 我們的期望

我們是一個先進和前瞻的海關組織，為社會的穩定及繁榮作出貢獻。我們以信心行動，以禮貌服務，以優異為目標。

使命

- 保護香港特別行政區以防止走私
- 保障和徵收應課稅品稅款
- 偵緝和防止販毒及濫用毒品
- 保障知識產權
- 保障消費者權益
- 保障和便利正當工商業及維護本港貿易的信譽
- 履行國際義務

信念

- 專業和尊重
- 合法和公正
- 問責和誠信
- 遠見和創新

承諾

口號「護法守關，專業承擔」用以表達部門對社會作出的承諾。

B. 香港海關的徽號

香港海關的徽號（註）有象徵意義，在紫荊花下，還包括中國劍、鎖匙和桂冠。

- 中國劍象徵雷厲執法
- 鎖匙象徵盡忠守衛香港特別行政區邊境
- 桂冠象徵海關決心執行使命，達致成功

註：香港海關刊物「海鋒」第廿九期

海關人員在結業步操

2.3 組織架構

香港海關在政府的位置

香港海關隸屬香港政府保安局之下；由於工作牽涉稅收和對外貿易，所以亦須向其他政策局－財經事務及庫務局及商務及經濟發展局負責。

A. 香港海關的組織架構

部門組織架構

關長

副關長

質素管理科　　內部核數組

海關助理關長 （行政及人力資 源發展）	海關助理關長 （邊境及港口）	海關助理關長 （稅務及策略支援）	海關助理關長 （情報及調查）	貿易管制處處長
檢控及管理 支援科	機場科	海關事務及 合作科	海關毒品 調查科	緊貿安排及 貿易視察科
部隊行政科	跨境橋岸科	應課稅品科	版權及商標 調查科	消費者保障科
訓練及發展科	陸路邊境 口岸科	資訊科技科	情報科	金錢服務 監理科
內務行政科	港口及海域科	項目策劃及 發展科	稅收罪案 調查科	貿易報關及 制度科
財務管理科	鐵路及渡輪 口岸科	供應鏈安全 管理科	有組織罪案 調查科	商品說明 調查科
投訴調查科		貿易單一 窗口科		貿易調查科
誠信管理課		新聞組		

（修訂日期：2021年7月2日）

B. 海關關長及分處首長

香港海關的首長為海關關長。根據基本法,海關關長是由行政長官,報請中央人民政府任命的其中一名主要官員。副關長協助處理部門事務。

海關設有五個分處,並沒有設立政務秘書(Civil Secretary)。各處由一名首長級人員掌管:

- 行政及人力資源發展處

- 邊境及港口處

- 稅務及策略支援處

- 情報及調查處

- 貿易管制處

(i) 行政及人力資源發展處:由海關助理關長(行政及人力資源發展)掌管,負責整個海關部門內務行政、財務管理、人力資源管理、中央支援、培訓和招聘事宜、制訂新法例並檢討對整個海關部隊有影響的程序、通令和制度,海關部隊案件的檢控工作,以及調查公眾投訴。這些服務由內務行政科、財務管理科、部隊行政科、訓練及發展科、檢控及管理支援科,投訴調查課提供及誠信管理課。

(ii) 邊境及港口處:由海關助理關長(邊境及港口)掌管,負責保安局管轄範圍內有關出入口管制的事宜,包括所有管制站有關海關監控和通關便利化的事宜;主要的運作科系包括機場科、跨境橋岸科、陸路邊境口岸科、鐵路及渡輪口岸科,以及港口及海域科。

(iii) 稅務及策略支援處:由海關助理關長(稅務及策略支援)掌管,負責有關保障稅收和稅務管制、應課稅品、策略性規劃和行政支援、項目策劃和發展、資訊科技發展,以及國際海關聯絡和合作的事宜。該處由應課稅品科、海關事務及合作科、供應鏈安全管理科、項目策劃及發展科、資訊科技科、貿易單一窗口科,以及新聞組所組成。

(iv) 情報及調查處：由海關助理關長（情報及調查）掌管，負責偵查和遏止非法販毒和清洗黑錢活動、執行保護知識產權的職責，以及進行有關執法行動的監視和情報收集工作。該處由以下科系組成：海關毒品調查科、情報科、版權及商標調查科、稅收罪案調查科，以及有組織罪案調查科。

(v) 貿易管制處：由高級首席貿易管制主任掌管，負責有關貿易管制和消費者權益保障的事宜。該處由緊貿安排及貿易視察科、貿易調查科、貿易報關及制度科、消費者保障科、商品說明調查科，以及金錢服務監理科所組成。

除了以上五個分處之外，還有副關長直接督導兩個中央管理組別，該兩組別為質素管理科和內部核數組，分別負責進行管理審核和核數工作，以加強部門制度的誠信、提高部門的效率和工作成效以及提升服務質素和標準。

C. 香港海關的編制

為了好好執行「護法守關」的工作，香港海關須要足夠的人手。香港海關共有三個不同編制的員工，包括：

(i) 一般及共通職系（通常稱為「文職」）；

(ii) 海關部隊編制職系（俗稱「軍裝」）；

(iii) 貿易管制主任職系（通常稱為「Trade Control」）

海關總部大樓

D. 三個職系簡介

(i)　一般及共通職系

此一職系的工作人員，主要是支援部隊和貿易管制主任。從 2021年4月23日起（根據財務委員會2021年4月23日會議議程 FCR(2021 -22) 2），已正式刪除1個首長級丙級政務官常額職位「海關政務秘書」 (Customs Civil Secretary)。現在負責一般及共通職系的是內務秘書 (Departmental Secretary)，由一位總行政主任擔任。

以下是一般及共通職系包括各類工種：

總行政主任 高級行政主任 一級行政主任 二級行政主任	高級私人秘書 一級私人秘書 二級私人秘書
高級庫務會計師 庫務會計師 高級會計主任 一級會計主任 二級會計主任	高級打字員 打字員
	高級分區職業安全主任
	一級政府車輛事務主任
高級訓練主任 一級訓練主任	統計師 一級統計主任 二級統計主任
高級法定語文主任 一級法定語文主任 二級法定語文主任 繕校員	一級槍械員 三級槍械員

高級系統經理 系統經理 一級系統分析 / 程序編製主任 二級系統分析 / 程序編製主任 助理電腦操作經理 高級電腦操作員 一級電腦操作員 二級電腦操作員	特別司機 汽車司機
	二級工人
	炊事員
機密檔案室高級助理 機密檔案室助理	康樂事務經理 一級管理參議主任
	高級小輪船長 小輪助理員
高級文書主任 文書主任 助理文書主任 文書助理 辦公室助理員	一級特別攝影員 二級特別攝影員
	電子工程師 / 助理電子工程師
總物料供應主任 高級物料供應主任 物料供應主任 助理物料供應主任 高級物料供應員 一級物料供應員 二級物料供應員 助理物料供應員	

(ii) 部隊職系

海關關長	Commissioner	C
海關副關長	Deputy Commissioner	DC
海關助理關長	Assistant Commissioner	AC
海關總監督	Chief Superintendent	CS
海關高級監督	Senior Superintendent	SS
海關監督	Superintendent	S
海關助理監督	Assistant Superintendent	AS
海關高級督察	Senior Inspector	SI
海關督察	Inspector	Insp / P / Insp
總關員	Chief Customs Officer	CCO
高級關員	Senior Customs Officer	SCO
關員	Customs Officer	CO / P / CO

(iii) 貿易管制主任職系

高級首席貿易管制主任	Senior Principal Trade Controls Officer	HTC
首席貿易管制主任	Principal Trade Controls Officer	PTCO
總貿易管制主任	Chief Trade Controls Officer	CTCO
高級貿易管制主任	Senior Trade Controls Officer	STCO
貿易管制主任	Trade Controls Officer	TCO
助理貿易管制主任	Assistant Trade Controls Officer	ATCO

E. 海關的編制

截至2021年3月31日，香港海關的編制共有7,866人（包括9名首長級人員——海關關長、海關副關長、海關助理關長(5)、海關總監督(2)）（根據立法會審核2020-21年度開支預算「管制人員的答覆」），人數分配如下：

		編制人數
(i)	海關部隊職系	6,611
(ii)	貿易管制主任職系	556
(iii)	一般及共通職系	699

當中的關員職系細分如下：

		編制人數
(i)	總關員	490
(ii)	高級關員	1,630
(iii)	關員	3,313
	總數	5,433

到了2022年3月31日，會減少2個非首長級職位（根據2021-22財政預算案的內容提到）

2.4 日常運作

作為一個先進和前瞻的世界海關組織，香
港海關為社會的穩定和繁榮作出貢獻，以
信心行動，以禮貌服務，以優異為目標。

A. 香港海關提出的服務承諾

(1) 偵緝及防止走私

香港海關是負責阻遏走私活動的主要執法機關。香港海關亦聯同警方設立了一支海域聯合特遣隊（Joint Task Force），致力打擊海上走私活動。作為前線的執法部門，海關會基於保安、保障公眾健康、保護環境或履行國際義務等理由，防止禁運物品的進出口。工作包括：

(a) 根據香港法例第60章《進出口條例》的規定，監察貨物的進出口及簽發禁運物品和訂明物品的有關牌照；

(b) 對乘客、船員和機組成員、貨物、郵包、飛機、船隻和車輛進行基本查；對於視為高風險的個案，會作進一步查驗，以偵查任何違禁品（包括用於恐怖活動的違禁品）、受管制物品，以及其他違法情況；

(c) 由海關船隊在香港水域內進行海上巡邏或在飛行服務隊協助下進行空中巡邏，以偵查及遏止任何違反海關法例的活動和其他非法活動；

(d) 藉著情報科的工作，為反走私執法行動提供持續的情報支援；

(e) 檢查及核對牌照和貨物艙單，以管制禁 運物品的進出口和訂明物品的運載事宜；

(f) 根據《實體貨幣及不記名可轉讓票據跨境流動條例》（第629章）處理有關大量實體貨幣及不記名 可轉讓票據的申報，以及偵查 關於申報及披露規定的違規情況。

反走私成功例子

二零二一年三月十六日、香港海關在流浮山偵破一宗涉嫌利用快艇走私的案件，檢獲一批懷疑走私貨物，包括電子產品、高價食材和化妝品，估計市值約二千萬元。圖示檢獲的走私貨物、用作搬運貨物到快艇的滑梯及用作運貨的貨車。

(2) 保障稅收

作為一個自由港，除下列物品外，進口或出口香港的貨物均毋須繳付任何關稅：

(a) 進口或在本地製造的四類應課稅品，即酒類、煙草、碳氫油類及甲醇；

(b) 所有在香港道路上使用的汽車，均須繳付首次登記稅，該稅項由運輸署負責徵收；

香港海關負責向《應課稅品條例》所訂明的應課稅品徵收稅款，保障政府在這方面的稅收。為管制應課稅品的製造、進出口、儲存及運 載，海關實施牌照和許可證制度。

(a) 香煙和燃油

合法香煙和燃油與私煙和私油的價格相差很大，驅使走私客鋌而走險販賣私煙和私油以獲取利潤。為保障根據香港法例第109章《應課稅品條例》所訂明的應課稅品所徵收的稅款，香港海關稅收罪案調查科轄下成立了三個稅收調查組，分別採取持久及嚴厲的執法行動打擊私煙和私油活動。

稅收調查組第一組及第二組負責偵緝有組織的走私、分銷及零售私煙活動，在全港各區打擊街頭販賣、貯存及零售私煙活動。稅收調查第三組負責打擊私油的使用、分銷、製造及走私活動。除針對零售層面外，該組亦致力打擊化油廠、合成油製造中心的活動及跨境走私活動。

保障稅收案例(i)：檢獲的懷疑私煙

案件(i)：二零二一年三月十一日，香港海關在粉嶺一個工業大廈單位內，拘捕一名四十一歲懷疑涉案男子，檢獲約四十七萬支懷疑私煙，估計市值約一百三十萬元，應課稅值約九十萬元。

案件(ii)：二零二一年三月十二日，香港海關在大埔一個住宅單位內破獲一個私煙貯存倉庫，拘捕兩名分別四十三及六十四歲懷疑涉案女子，檢獲約五十九萬支懷疑私煙，估計市值約一百六十萬元，應課稅值約一百一十萬元。

保障稅收案例(ii)：檢獲的懷疑未完稅汽油（私油）

二零二一年一月二十一日，香港海關在元朗破獲一個非法加油站，檢獲約三千四百公升懷疑未完稅汽油和一批入油工具，拘捕一名三十九歲懷疑涉案女子及一名四十七懷疑涉案男子，估計市值約六萬元，應課稅值約二萬元。

(b) 汽車首次登記稅

根據香港法例第330章《汽車（首次登記稅）條例》，任何進口供在香港使用的汽車均須繳付首次登記稅。

(i) 海關會為汽車的進口商和分銷商進行登記，以及處理汽車進口申報表評定車輛的稅值。運輸署負責按車輛的公布零售價目表管理（包括計算及徵收）有關稅項。

(ii) 香港海關汽車評值課則負責評定車輛的稅值。一般汽車暫定應課稅值會按進口者申報購入及進口某輛汽車的購入價、保險支出、運費、任何經紀或介紹費，以及修理費評定。評估暫定應課稅值後，申請人會獲發一份「汽車暫定稅值通知書」，作為交予運輸署計算及徵收首次登記稅的依據。

保障稅收案例(iii)：汽車分銷商違反《汽車（首次登記稅）條例》

二零一九年八月八日，一間汽車分銷商在銷售汽車時違反《汽車（首次登記稅）條例》（《條例》），在九龍城裁判法院被判罰款六十六萬元。

該汽車分銷商於二零一六年九月至二零一七年八月期間，以高於香港海關批核的「公布零售價」及/或違反零售價公布的規定售賣十五輛私家車，涉及高出的款項為六十五萬元。

《條例》規定所有註冊汽車分銷商在本港銷售進口汽車前，須向香港海關遞交「公布零售價」，用以計算汽車首次登記稅稅款，在取得香港海關核准的「公布零售價」後，必須以書面形式公布有關價目表。

（資料來源：海關新聞公報）

(3) 緝毒

香港海關其中一項主要職責，是遏止販毒及濫用危險藥物、打擊清洗黑錢活動，以及防止受管制化學品轉作非法製造危險藥物用途。

根據香港法例第134章《危險藥物條例》，海關負責調查及偵查非法進口、出口、製造、分銷及濫用危險藥物的案件，並進行財務調查，追查毒販的資產，以及向法庭申請充公與販毒有關資產。

在執行上，海關人員駐守於各出入境管制站，為旅客進行清關、查驗貨物和郵包，搜查車輛、船隻和飛機，堵截毒品。海關毒品調查科會對不同層面的販毒活動作出深入調查，並加強與本地、內地及海外執法機關之間的合作。有關工作包括下列各項：

(a) 進行監視、調查及採取行動，對付有組織販毒集團和非集團式經營的毒販；

(b) 偵查香港或外地罪案中與販毒有關的資產，並予以充公；

(c) 與香港或外地的緝毒機構及其他專責機關聯絡和合作，遏止國際販毒活動及受管制化學品轉作非法用途；以及

(d) 與香港或外地的執法機關收集、整理及交換情報。

香港法例第405章《販毒（追討得益）條例》及第455章《有組織及嚴重罪行條例》授權海關有組織罪案調查科轄下的財富調查課，追查、充公及追討販毒得益。根據第405A章《販毒（追討得益）（指定國家和地區）令》及第525章《刑事事宜相互法律協助條例》，該課亦會協助海外國家在港執行外地沒收令。由香港海關及警方組成的聯合財富情報組（Joint Financial Intelligence Unit），則負責收集及處理與上述條例有關的可疑交易舉報。

海關毒品調查科轄下的化學品管制課負責執行香港法例第145章《化學品管制條例》，透過發牌制度管制可用作非法製造危險藥物的化學品前體。

緝毒成效：2020年香港海關檢獲的毒品和精神藥物
(i) 檢獲危險藥物個案：1,096宗 (ii) 檢獲的毒品（海洛英）：144.4公斤 (iii) 檢獲的精神藥物： (a) 可卡因：949.4公斤 (b) 大麻：402.9公斤 (c) 亞甲二氧基甲基安非他明（忘我）：23,623粒 (d) 甲基安非他明（冰）：816.5公斤 (e) 氯胺酮（公斤）：295公斤

（資料來源：2020-21財政預算案）

(4) 保障知識產權

香港海關是香港唯一負責對版權及商標侵權活動進行刑事調查及檢控的部門。香港海關根據香港法例第528章《版權條例》、第362章《商品說明條例》及第544章《防止盜用版權條例》的規定，履行維護知識產權擁有人和正當商人的合法權益任務任務。

(a) 保障知識產權策略

香港海關採取雙管齊下的策略，分別從供應及零售層面打擊盜版及冒牌貨活動。在供應層面上，香港海關致力從進出口、製造、批發及分銷層面打擊盜版及冒牌貨活動。至於在零售層面上，海

關一直努力不懈，在各零售黑點持續採取執法行動，以杜絕街頭
的盜版及冒牌貨活動。

(b) 侵犯版權

香港海關負責調查和檢控有關文學、戲劇、音樂或藝術作品、聲
音紀錄、影片、廣播、有線傳播節目及已發表版本的排印編排的
侵犯版權活動。

香港海關除了從生產、儲存、零售及進出口層面掃蕩盜版光碟
外，並致力打擊機構使用盜版軟件和其他版權作品作商業用途。

香港海關成立了四支反互聯網盜版隊，以打擊網上侵權活動。海關
的電腦法證所就侵權案件數碼證據的收集、保存、分析及於法庭呈
示證物等工作提供專業支援。該法證所已獲頒發「國際質量管理體
系證書」ISO 9001和「國際資訊安全管理系統證書」ISO 27001。

(c) 偽冒商標

香港海關亦根據香港法例第362章《商品說明條例》，對涉及應用
偽造商標或附有虛假商品說明商品的人士或機構採取執法行動。
此外亦根據《商標條例》（第559章），遏止涉及竄改商標註冊紀
錄冊、虛假地表述商標已註冊以及不當地使用商標註冊處的名稱
的違法活動；

打擊偽造商標案例

二零二一年二月四日，香港海關採取執法行動，打擊售賣冒牌水果活動，在油麻地一間水果店，檢獲一百九十六盒共重約四百公斤的懷疑冒牌車厘子，估計市值約八萬元，並拘捕一名四十一歲女售貨員。

（資料來源：海關新聞公報）

(d) 防止盜用版權

香港法例第544章《防止盜用版權條例》規定本地的光碟及母碟製造商必須獲得海關批予牌照，並為他們製造的所有產品標上特定的識別代碼。此外，香港法例第60章《進出口條例》規定，必須領有海關發出的許可證，才可進出口光碟母版及光碟複製品的製作設備。

(5) 貿易管制

(a) 內地與香港關於建立更緊密經貿關係的安排（CEPA）

CEPA是中國內地與香港特別行政區簽訂的一項自由貿易協議。這項安排令一系列符合CEPA原產地規則的香港產品，根據有關CEPA原產地證書輸入內地時，可享有零關稅優惠。香港海關負責CEPA簽發來源證制度的執法工作，主要目的是維護制度的完整性。執法工作包括到申請CEPA原產地證書並在工業貿易署登記的工廠巡查、在工廠內查核CEPA貨物的來源及成本，以及在各邊境出口站進行突擊檢查和調查一些涉嫌違法行為。

(b) 戰略物品管制

香港特別行政區貫徹執行全面及嚴格的戰略物品進出口管制以防止香港特區被利用為大規模毀滅武器的擴散渠道，亦同時確保作為合法工商業及科研用途的先進科技能自由無阻地進出香港特區。

香港海關是戰略貿易管制的唯一執法機關，主要負責：

(i) 實地檢查進出口的貨物；

(ii) 核實進出口許可證中所申報的資料的真確性；

(iii) 搜集並整理資料及情報；以及

(iv) 調查及檢控違反戰略貿易管制的非法行為。

戰略物品種類

香港法例第60G章《進出口（戰略物品）規例》附表1，2及3詳細指明各類戰略物品。

發證管制

根據香港法例第60章《進出口條例》的規定，進出口／轉口／經香港特區轉運的戰略物品，必須取得工業貿易署署長簽發的許可證。

《進出口（戰略物品）規例》附表2所指明的敏感戰略物品，例如與核武有關的物品或其他軍火，在運經香港特區時亦同樣受到進出口許可證制度所規管。

(c) 金伯利進程未經加工鑽石發證計劃（Kimberley Process Certification Scheme）

金伯利進程未經加工鑽石發證計劃（發證計劃）由金伯利進程（Kimberley Process）訂立。金伯利進程屬國際協商會議，旨在遏止由「衝突鑽石」（conflict diamonds，俗稱「血鑽」）貿易助長的武裝衝突、叛亂活動及武器非法擴散。中華人民共和國已參與該發證計劃，而香港的工業貿易署及香港海關是中華人民共和國的指定進出口機關，負責在香港特區實施該發證計劃，以保障香港特區作為地區鑽石貿易樞紐的利益。

但內地與香港特區的管制制度是完全分開運作。香港特區的發證計劃包括未經加工鑽石商的登記制度及未經加工鑽石進出口證簽發制度。計劃由工業貿易署管理，而香港海關則負責執法工作。

(d) 金錢服務經營者的監理

香港法例第615章《打擊洗錢及恐怖分子資金籌集（金融機構）條例》已於2018年2月作出修訂，易名為《打擊洗錢及恐怖分子資金籌集條例》（打擊洗錢條例）並於2018年3月1日起實施。按照打擊洗錢條例，任何欲經營匯款及/或貨幣兌換服務（即打擊洗錢條例所界定的金錢服務）的人士必須向海關關長（關長）申領牌照。在沒有關長發出的牌照情況下經營金錢服務，即屬犯罪，一經定罪，可罰款100,000元及監禁6個月。

根據打擊洗錢條例，關長是有關當局，負責監管金錢服務經營者(即匯款代理人和貨幣兌換商)，監督持牌金錢服務經營者在客戶盡職審查及備存紀錄的責任和其他發牌規定的合規情況，以及打擊無牌經營金錢服務。

按照打擊洗錢條例下的規定，關長已授權香港海關人員處理金錢服務經營者牌照的申請及對金錢服務經營者進行合規視察和調查。

執行《打擊洗錢及恐怖分子資金籌集條例》：男子協助及教唆他人無牌經營金錢服務被判罪成（2020年1月2日）

一名男持牌金錢服務經營者因協助及教唆他人無牌經營金錢服務，今日（一月二日）在九龍城裁判法院被判罰款一萬二千元，以及被取消持有金錢服務經營者牌照的資格兩個月。

海關人員早前接獲舉報並採取行動，發現一間位於大角咀的雜貨店涉嫌在該名持牌人協助下，無牌經營金錢服務。

經營該雜貨店的一名男東主及一名女職員因無牌經營金錢服務，早前已分別被法庭判處罰款一萬元及五千元，以及被取消持有金錢服務經營者牌照的資格六個月。

根據《打擊洗錢及恐怖分子資金籌集條例》，任何人士欲經營匯款及/或貨幣兌換服務必須向海關申領牌照，無牌經營金錢服務即屬違法，一經定罪，最高可被判罰款十萬元及監禁六個月。

（資料來源：海關新聞公報）

(6) 保障消費者權益

香港海關負責在香港特別行政區保障消費者下列方面的權益：

(a) 度量衡

香港法例第68章《度量衡條例》為買賣雙方提供一個法律框架，用以保護消費者，以免他們於交易時，在貨物的數量上受到欺詐或不公平待遇。

當中欺詐或不公平待遇的最普遍的手法是「呃秤」。「呃秤」的欺詐手法一般涉及使用不準確的量度器具，或直接誇大貨品的重量。

根據該條例，任何人管有、製造、供應或使用偽誤或不完備的度量衡器具作營商用途，即屬犯罪。該條例亦規定以重量或度量出售貨物時，必須按淨重量或淨度量出售。

(b) 消費品安全

香港法例第456章《消費品安全條例》規定製造商，進口商及供應商須確保他們在香港特別行政區供應的消費品符合一般安全規定。本條例適用於在香港特別行政區一般供應予私人使用或耗用的消費品（不包括條例附表所列的貨品）。

按照《消費品安全條例》的規定，除在條例附表開列的各項外，所有消費品均須符合一般安全規定或商務及經濟發展局局長訂明的安全標準及規格。該條例規定製造商、進口商及供應商有法定責任確保其供應的消費品達到合理的安全程度。該條例亦就消費品的廣告加以管制。

《消費品安全規例》又規定，就任何消費品的安全存放、使用、耗用或處置作出的警告或警誡，必須以中文及英文表達，且須清楚可讀。有關警告或警誡字句須載於消費品、消費品的任何包裝、穩固地加於包裝上的標籤，或附於包裝內的文件等顯眼位置。

海關每年均為業界舉辦產品安全講座，行業來自進口、批發及零售。

執行《消費品安全規例》案例：法庭判處三宗供應不安全外科口罩案件被告罰款

2021年3月31日

一名服裝店負責人、一名藥房負責人，以及一間藥房和兩名董事因供應不安全外科口罩，違反《消費品安全條例》（《條例》），今日（三月三十一日）分別在西九龍裁判法院、九龍城裁判法院和粉嶺裁判法院被裁定罪名成立，被判罰款二千元至五萬元。

因應2019冠狀病毒病疫情發展，海關自去年一月二十七日起開展代號「守護者」的全港性防疫產品巡查執法行動，並試購涉案共三款外科口罩。經調查後，海關證實該三款口罩的細菌菌落總數超出標準上限零點二五倍至五點五倍，違反《條例》的一般安全規定。涉案的零售商包括兩間藥房和一間服裝零售店。

（資料來源：海關新聞公報）

c) 商品說明

香港海關人員負責執行香港法例第362章《商品說明條例》及當中的八條附屬法例，目的是禁止在營商過程中，對提供的貨品作出虛假商品說明、以及虛假、具誤導性或不完整的資料及錯誤陳述，例如「斤變兩」，以保障消費者。

海關人員會進行突擊檢查，以確保商戶遵從有關法例，並會就懷疑違例的情況進行調查。

(i)　不良營商手法

(ii)　原產地

(iii)　寶石

(iv)　貴重金屬

(v)　受規管電子產品

不良營商手法案例：健身中心職員作出具威嚇性營業行為被判處歷來最高刑罰

2021年3月25日

兩間健身中心的六名職員因銷售健身服務期間作出具威嚇性的營業行為，違反《商品說明條例》（《條例》），早前在區域法院被裁定罪成，部分職員亦同時因非法禁錮、普通襲擊和盜竊罪被裁定罪成。六名職員今日（三月二十五日）分別被判處監禁九至二十個月不等，同時被法庭下令向案中八名受害人賠償共約二十七萬元。

本案是首宗於區域法院審理的不良營商手法案件，而判處的監禁刑期亦是《條例》自二〇一三年七月修訂以來，同類型案件中判刑最重的一宗。

香港海關歡迎法庭的裁決,是次判刑極具阻嚇作用,當中的監禁判刑反映罪行的嚴重性,並對業界的不良份子作出清晰明確的警示。

海關早前接獲舉報,指兩間分別位於旺角和油麻地的健身中心有職員涉嫌以不良營商手法銷售健身服務,迫使顧客購買健身服務合約。

經調查後,海關發現該兩間健身中心的職員在街上誘使八名受害人前往位於商業大廈的健身中心,並指他們已簽署健身服務合約。職員遂向受害人施壓,迫使他們提供銀行戶口資料和餘額,即時以現金、信用卡或戶口轉賬等形式繳付有關合約的費用,其中涉及單一個案的最高合約金額超過二十四萬元。

（資料來源：海關新聞公報）

(d) 玩具及兒童產品安全

香港法例第424章《玩具及兒童產品安全條例》載列安全標準的法律規定,以便對製造、進口或供應本地使用的玩具和兒童產品的安全作出規管。這些產品須符合一般安全規定及每項附加安全標準。如玩具符合該條例附表1內的三套玩具標準其中一套標準內所載全部適用於該玩具的規定,則該玩具須當作符合一般安全規定。

執行《玩具及兒童產品安全條例》案例
香港海關提醒市民留意一款不安全木製玩具

香港海關今日（三月十一日）提醒市民留意一款不安全木製玩具,測試結果顯示玩具的小部件有令兒童窒息的潛在危險。為免發生意外,家長應立即停止讓兒童把玩該款玩具。商戶如有出售,亦應立即下架。

（資料來源：海關新聞公報）

2.5 清關服務

香港海關的工作是「護法守關」。要阻截禁運品進出口香港，部隊人員可以根據香港法例第 60 章《進出口條例》（Import & Export Ordinance, Chapter 60）截停和搜查所有進出香港的旅客和貨物。

A. 旅客清關

海關在以下地點設管制站，運作時間各不同：

	出入境管制站	運作時間
1	中國客運碼頭	上午7時至午夜12時
2	港澳客輪碼頭	24小時
3	港珠澳大橋香港口岸	24小時
4	香港國際機場	24小時
5	紅磡直通車站	上午7時30分至晚上11時15分
6	啟德郵輪碼頭	根據郵輪航班停泊時間而定
7	羅湖管制站	上午6時30分至午夜12時
8	落馬洲管制站	24小時
9	落馬洲支線管制站	上午6時30分至晚上10時30分
10	文錦渡管制站	上午7時至晚上10時
11	海運碼頭	根據郵輪航班停泊時間而定
12	沙頭角管制站	上午7時至晚上10時
13	深圳灣管制站	上午6時30分至午夜12時
14	廣深港高速鐵路西九龍站	上午6時30分至晚上11時30分

（註： 部份管制站因2019冠狀病毒疫情，須暫時關閉。）

B. 風險管理

每年出入境的旅客達由高峰3.14億（2018統計數字）、微跌至
3.013億（2019統計數字），再因2019冠狀病毒，劇減至0.242
億（2020統計數字）（根據入境處網頁），但海關仍不可能對每
一位旅客作實質的行李檢查。海關有必要採用風險管理和情報主
導，對旅客進行清關工作。

紅綠通道系統

國際上已有多個國家採用「紅綠通道」清關制度。所謂「紅通
道」，即是要申報的通道；「綠通道」是（毋需申報通道）。

為提供更快捷的旅客清關服務，香港海關在各入境管制站實施「
紅綠通道系統」。入境旅客要根據在各入境大堂豎立的紅綠通道
指示牌，選擇適合的清關通道。

紅通道（申報通道）

綠通道（毋需申報通道）

申報通道 攜有應課稅品／受管制物品 Goods to Declare with dutiable/ controlled items to declare	毋需申報通道 沒有攜帶應課稅品／受管制物品 Nothing to Declare without dutiable/ controlled items to declare
旅客在抵港時如攜有以下物品，請前往此通道，向海關人員作出申報： · 任何禁運／受管制物品； · 並不合資格享有免稅優惠或超逾豁免數量的應課稅品；及／或 · 大量（即總價值高於港幣12萬元或等值外幣）貨幣及不記名可轉讓票據（「現金類物品」）。	旅客在下列情況下，應使用此通道： · 沒有攜帶任何應課稅品或禁運／受管制物品； · 攜有符合豁免數量的應課稅品； · 管有總價值港幣12萬元或以下（或等值外幣）的現金類物品。
注意： · 如旅客未能就攜帶的禁運／受管制品出示有效的牌照或許可證，可遭檢控，而有關物品亦會被充公； · 旅客須就並不合資格享有免稅優惠或超逾豁免數量的應課稅品繳付關稅／被海關人員充公有關應課稅品； · 旅客須就其管有的大量現金類物品作出申報，如申報中載有任何在要項上屬虛假的資料，可遭檢控，而有關物品亦可能被充公。	注意： · 如被發現攜有應課稅品而沒有作出申報／作出不完整的申報，可遭檢控／罰款； · 如被發現攜有任何禁運／受管制物品而未能出示有效的牌照／許可證，可遭檢控，而有關物品亦會被充公。 · 如被發現管有大量現金類物品，而未有作出申報，可遭檢控，有關物品亦可會被充公。 旅客使用綠通道不表示可免受海關的檢查。

旅客如沒有有效牌照、許可證、衛生證明書或書面准許而把禁運／受管制物品物品帶進／帶離香港特區，可遭檢控，而有關物品亦會被檢取及充公。

對攜有禁運／受管制物品入境的旅客所處以的罰則，將視乎規管這類物品進出口的有關法例而定。

（1）禁運／受管制物品

香港特區政府對所有禁運／受管制物品的進出口均有嚴格規管。

常見的禁運／受管制物品包括危險藥物、精神藥物、受管制化學品、抗生素、槍械、彈藥、武器、爆竹煙花、戰略物品、未經加工鑽石、動物、植物、瀕危物種、電訊設備、野味、肉類、家禽、蛋類及配方粉（2013年3月1日起生效）。

（2）免稅優惠（Duty Free Concession）

一如其他國家，特區政府提供免稅優惠予攜帶煙酒入境的旅客：

旅客攜帶煙酒入境數量規定（2010年8月1日起生效）

(i) 飲用酒類

凡年滿十八歲的旅客，可以免稅攜帶1升在攝氏20度下量度所得酒精濃度以量計多於30%的飲用酒類進入香港，供其本人自用。

持香港身份證的旅客,則必須離港不少於24小時才可以享有以上豁免數量。(24小時是以入境處的出入境電腦記錄為準)

(ii) 煙草

凡年滿十八歲的旅客,可以免稅攜帶下列煙草產品進入香港,供其本人自用:

- 19支香煙;或
- 1支雪茄,如多於1支雪茄,則總重量不超過25克;或
- 25克其他製成煙草。

注意:任何作貿易、營商或商業用途(例如展銷活動)的應課稅品均無免稅優惠。攜有該等物品的旅客必須:

- 使用紅通道;
- 向海關人員申報攜有該等物品的目的;以及
- 向海關關長呈交報關單。

檢控/ 罰款

入境旅客如就其所管有而超逾免稅優惠數量的應課稅品不向海關人員作出申報,或作出虛假或不完整的申報,可遭檢控。

另一方面,香港海關可根據香港法例第109章《應課稅品條例》,向違規旅客作出有代價地不予檢控的安排,施加以下罰則:

有代價地不予檢控罪行的種類：

(a) 罪行（一）：管有應課稅貨品（有關的貨品課稅價值由關長評定為不超逾 $10,000）— 罰款為應課稅貨品的須繳稅款的5倍

(b) 罪行（二）：沒有就應課稅貨品作出申報或作出虛假或不完整的申報 - 第1級罰款（$2,000）

C. 貨物清關

	出入境管制站	運作時間
1	港珠澳大橋香港口岸	24小時
2	香港國際機場	24小時
3	落馬洲管制站	24小時
4	文錦渡管制站	上午7時至晚上10時
5	沙頭角管制站	上午7時至晚上10時
6	香園圍管制站	上午7時至晚上10時
7	深圳灣管制站	24小時
8	葵青貨櫃碼頭	須預約檢查貨物
9	內河貿易碼頭	須預約

D. 清關文件

以下為必須備妥的文件,以方便清關:

(i) 艙單;

(ii) 進口證/ 出口證或移走許可證(如需要);

(iii) 扣留通知書副本(如適用);及/ 或

(iv) 其他證明文件,例如提單、空運提單、發票、裝箱單等。

E. 清關系統

香港海關竭力保護及便利合法的商貿活動,並且十分重視香港特別行政區的誠信營商形象。抽選貨物時,海關採用風險管理措施,確保將在各出入境管制站造成的干擾減至最少。為加快清關,海關採用了多個電子貨物清關系統,方便從事航空、陸路及海路貨運業的經營商預先遞交貨物資料。

(a) 航空

空運貨物清關系統提升了空運貨物的清關效率。空運貨物清關系統令海關可向合法的空運業務提供快速清關服務,即貨物抵港前已完成清關,但卻對香港特區的保安不會構成影響。

(b) 陸路

對於經陸路以貨車進出口的貨物，海關設立了道路貨物資料系統，讓已登記的付貨人或其貨運代理以電子方式預先向海關遞交貨物資料。跨境貨車司機更可於通過陸路邊境管制站時享用無縫清關服務，當司機駛達設於管制站的全自動清關設施後，系統會顯示訊息通知是否需要接受查驗。

(c) 海運

在遠洋及內河貨物方面，承運商可透過電子貨物艙單系統，同時向香港海關、政府統計處及工業貿易署以電子形式提交貨物艙單。海關行動完成後（包括確認收貨人的身分或查驗貨物），會通知承運商及貨櫃碼頭營運商，可以移離被扣留的貨物（「放行紙」）。

F. 艙單

根據香港法例第60章《進出口條例》所有進口或出口的貨物，均須記錄在艙單內，而該艙單須載有關長所訂明的詳情。

（i）進口艙單

(a)　運載的船隻、飛機或車輛的名稱和抵達日期，以及該船隻、飛機或車輛的航程、航機或車輛編號

(b)　包裝貨物的數目、說明、總重量及總體積

(c)　每件包裝貨物所顯示的識認標記或編號；

(d)　載於每件包裝貨物內的物品的說明；

(e)　每件包裝貨物的托運人的姓名或名稱及地址；

(f)　每件包裝貨物的收貨人的姓名或名稱及地址。

（ii）出口艙單

(a)　運載的船隻、飛機或車輛的名稱和離境日期，以及該船隻、飛機或車輛的航程、航機或車輛編號；

(b)　包裝貨物的數目、說明、總重量及總體積；

(c)　每件包裝貨物所顯示的識認標記或編號；

(d)　載於每件包裝貨物內的物品的說明；

(e)　每件包裝貨物的托運人的姓名或名稱及地址；

(f)　每件包裝貨物的目的港或目的地；

(g)　表明貨物是否為轉運貨物的清楚指示。

輸入或輸出物品的船隻、飛機或車輛的擁有人，須在14天內，使用指明團體（即之後進出口報關段落所提及的「服務供應商」）所提供的服務，將一份輸入或輸出物品的船隻、飛機或車輛的艙單的文本或摘錄交付工業貿易署署長。

G. 進出口報關
（Import / Export Declarations）

根據香港法例第60E章《進出口（登記）規例》的規定，凡將物品進口或出口的人士，除豁免報關物品外，必須在物品進口或出口後14天內向海關關長遞交一份資料正確及齊備的進口或出口／ 轉口報關單。

進口或出口私人物品（包括透過互聯網或其他方式從向海外直接購買或出售的物品）亦須遵照以上的進出口報關規定，除非該等物品屬於進出口（登記）規例內指明豁免報關的物品。海關關長亦已授權政府統計處一些人員核實進／ 出口報關單內的資料是否清晰齊備，足以應用於編製貿易統計數字。

進／ 出口報關單用途

進出口人士遞交的進／ 出口報關單內的資料由政府統計處用作編製貿易統計數字。貿易統計數字除提供有關商品的詳細貿易資料外，亦顯示出本港的貿易狀況，在本港及海外均獲廣泛採用，一些主要經濟決策也以此為藍本。因此，政府要求有關人士合作，

從速遞交資料正確及齊備的報關單，以便能夠按時編製和發布有關香港對外貿易的統計數字。

由2000年4月1日起，進／出口報關單（Import / Export Declarations）須以電子方式，透過指定服務供應商提供的服務遞交。服務供應商亦提供服務替有需要的人士把紙張報關資料轉換為電子信息傳送至政府。

(a) 直接電子報關服務（Direct Electronic Declaration Service）

報關單須以電子方式，透過下列政府委聘的服務供應商（簡稱服務供應商）提供的服務遞交：

(i) 標奧電子商務有限公司（簡稱「標奧」）

(ii) 商貿易服務有限公司（簡稱「商貿易」）

(iii) 貿易通電子貿易有限公司（簡稱「貿易通」）

(b) 經指明代理人的紙張轉電子報關服務（Paper-to-electronic Conversion Service via Specified Agents）

服務供應商亦透過分布本港各區的服務代理網絡，提供不同的服務把紙張報關單資料轉為電子信息。

凡將物品進／出口的人士只需填寫一份特的紙張報關授權表格，服務代理便會將填寫在表格上的資料轉為電子信息，經有關服務供應商再傳送到政府。

各服務代理處理紙張轉電子報關服務所需時間不同，而有關服務亦將收取額外服務費用。

H. 進口及出口報關費

遞交報關單時，進出口的人士必須按下列收費繳付報關費及製衣業訓練徵款（如適用）予政府。

由2012年8月1日起，報關費和製衣業訓練徵款如下列：

入口	
非食品項目	貨值以港幣計，首$46,000須繳費$0.2 以後每增加$1,000或不足$1,000，加繳$0.125，而不足$0.1的零數須調整為$0.1計算
食品項目	不論貨值多少，每份報關單繳費$0.2
出口	
貨物不論原產地是否香港特區	貨值以港幣計，首$46,000須繳費$0.2 以後每增加$1,000或不足$1,000，加繳$0.125，而不足1角的零數須調整為1角計算
香港法例第318章《工業訓練（製衣業）條例》附表1所列的香港製造成衣製品及配件和鞋履項目	除繳付報關費外，每$1,000或不足$1,000價值的貨物須加繳製衣業訓練徵款$0.3。

由2018年8月1日起，每張進出口報關單的報關費上限訂為$200。

I. 貿易單一窗口 （Trade Single Window）

為了維持香港在貨物貿易方面的競爭力以及作為物流樞紐的地位，香港須跟隨國際發展，設立全面的貿易單一窗口（「單一窗口」），以進一步發展各項便利措施，協助業界遵行有關提交「企業對政府」（B2G）貿易文件的規定。

現時，業界須向政府提交共51項涉及從香港進口、出口和轉口貨物的貿易文件，包括進出口報關單、貨物艙單、各種形式的預報貨物資料，以及受到特定管制或計劃規限的貨物所需的牌照、許可證及其他文件。這些文件和資料是基於統計、徵款及課稅、反走私、公眾安全與衛生及保安等公共政策原因而須提交，以遵行規管要求。因此持份者須在不同時間按需要與每個相關政府機構逐一接洽。這種零碎的處理方式，不利於有效辦理進出口貨物的手續，對業界及香港海關等政府機構均造成影響。

為跟隨國際主流發展及維持香港的競爭力，政府計劃設立「單一窗口」，讓業界經單一資訊科技平台以一站式向政府提交全部五十一項涉及報關、清關的B2G貿易文件。便利業界遵行有關貨物進出口的所有規管要求。香港海關負責管理貿易單一窗口。

整個安排會分三階段進行：

(a) 第一階段：2018年12月28日推出，提供電子服務，讓業界選擇以自願形式使用貿易單一窗口提交14類貿易文件（主要為特定受管制物品所須申請的文件）；

(b) 第二階段：涵蓋主要為特定受管制物品所須申請的另外約28類貿易文件，預計於2023年起分批推出，供業界自願使用；

(c) 第三階段：涵蓋進出口報關單、預報貨物資料及貨物報告（所有貨物均須或將須提交這些文件），並繼續聯繫業界，進行技術可行性研究，以制訂實施計劃。

J. 檢查旅客和貨物、車輛方法

（1）檢查旅客儀器

香港海關在管制站內的旅客清關室內設有先進的設備：

(a) X光檢查機及攝錄系統

被揀作進一步檢查的旅客會在清關室內接受檢查，攝錄系統會記錄清關過程，先進的X光機令檢查行李的工作更有效率。此一模式較傳統做法更能照顧旅客私隱，減少他們可能面對的尷尬情況。

(b) 電離子分析器（Ion scanner）

為偵測恐怖活動和毒品走私活動，痕跡偵測設備是執法部門不可缺少的裝置。香港海關擁有電離子掃描。是高效、高靈敏度的爆炸物、毒品檢測儀器，應用於各種各樣的執法任務和安全檢查。

(c) 海關搜查犬

香港海關的搜查犬是關員執法時的得力助手。海關搜查犬按照執行的工作分為三類，包括毒品搜查犬、爆炸品搜查犬及鈔票搜查犬。

1975年香港海關引入搜查犬嗅查旅客及貨物，執行緝毒工作。

2001年911恐怖襲擊後，海關引入專門搜查爆炸品的搜查犬，協助打擊恐怖活動。

為配合2018年實施的《實體貨幣及不記名可轉讓票據跨境流動條例》執法工作，海關首次引入鈔票搜查犬，搜查犬分別在機場、各陸路邊境管制站及貨櫃碼頭執行緝毒、搜查爆炸品和鈔票搜查工作。嗅查旅客及所攜帶的隨身行李、貨物及跨境運輸工具。

以上三類搜查犬負責在海關檢查站嗅查旅客及所攜帶的隨身行李、貨物及跨境運輸工具。

2019年5月，海關有68隻搜查犬，為政府第二大的執法犬隊。牠們均屬機靈犬，當嗅到可疑物品時，會安靜地坐在對象的前面不動，顯示搜查有所發現。

為加強執法成效及促進海關搜查犬的可持續發展，海關搜查犬組於2020年6月正式升格為海關搜查犬課。

發展至今（2021年4月），海關已建立了70隊搜查犬隊；海關搜查犬課並已成為一支過百人的專業領犬搜查犬隊伍，設有專職組別負責行動策劃、策略訓練及幼犬發展。

搜查犬類型：

(i) 品種

海關搜查犬包括拉布拉多尋回犬及史賓格跳犬。拉布拉多尋回犬嗅覺敏銳，而且性格友善、服從性高，適合執行嗅查旅客及貨物的工作；史賓格跳犬同樣擁有靈敏的嗅覺及高度服從性，而且靈活好動，適合於狹窄空間執行嗅查工作。

(ii) 來源地

過往，海關搜查犬主要來自內地、英國、澳洲及加拿大。除了於各來源地挑選有潛質的犬隻，海關亦與其他本地執法機構合作繁殖幼犬，犬隻經專業訓練後，才可成為搜查犬。於2020年7月，海關更首次自行繁殖及培育拉布拉多尋回犬，牠們年滿一歲便會接受正規訓練。

（2）檢查貨物、車輛

貨物一般是用X光檢查機檢查，海關配備先進儀器來檢查貨物、車輛，大大縮短清關時間：

(a) 固定X光車輛檢查系統

這項高科技設備使海關人員無需打開貨櫃便可檢視整部貨櫃車各部份和所載的物品。檢查每輛貨車所需的時間已從原來的三至四

小時，大幅縮減為20分鐘以下。這大大減少了驗貨程序對業界的影響。

(b) 流動X光車輛掃描系統

可以同時掃描整部貨櫃車，海關人員無需卸下貨物便可檢查貨櫃的各部份和所載物品。

(c) 爆炸品／化學戰劑探測器

為聯同國際力量打擊恐怖活動，海關由2003年年初起加強了探測恐怖分子常用危險物品的能力，這些物品包括爆炸品、化學戰劑和放射性物質。海關購置了多部爆炸品／化學戰劑探測器，供前線人員使用，並提升海關X光檢查機的功能，以偵測隱藏於行李和貨物包裹內的懷疑爆炸品。此外，海關亦加強了流動X光車輛掃描系統的功能，以偵測隱藏於貨櫃內的放射性物質。

Chapter 03
重要資訊

3.1 貿易管制處（Trade Controls Branch）

香港海關的貿易管制處，專責貿易管制及保障消費者權益事宜。其職責包括六大範疇。

A. 貿易管制處6大職責範疇

1. 執行戰略物資、儲備商品及其他禁運物品的管制工作；

2. 維護產地來源證簽證制度，包括《內地與香港關於建立更緊密經貿關係的安排》下簽發的產地來源證；

3. 執行有關保障消費者權益的法例：

   (a) 度量衡；

   (b) 玩具、兒童產品和消費品安全；

   (c) 貨品的商品說明；

   (d) 供應貴重金屬，翡翠，鑽石及受規管電子產品；

4. 監管金錢服務經營者；

5. 覆核進/出口報關單；以及

6. 評定和徵收報關和製衣業訓練徵款。

B. 貿易管制處架構

貿易管制處處長，是由高級首席貿易管制主任擔當。該處由緊貿
安排及貿易視察科、貿易調查科、貿易報關及制度科、消費者保
障科、商品說明調查科，以及金錢服務監理科所組成

C. 貿易管制主任人員權力

貿易管制主任人員的權力，並不是與海關部隊人員一樣。海關關長可為施行不同條例而委任任何公職人員（即貿易管制主任人員）為獲授權人員，去執行相關法例，維護本港貿易的信譽。

助理貿易管制主任

要加入貿易管制處工作，必須投考成為助理貿易管制主任，接受26星期的訓練。助理貿易管制主任的主要職責包括：

1. 執行與保障消費者權益（包括產品安全、商品說明及公平貿易）、產地來源證、就禁運物品申領的進出口許可證，以及進出口報關事宜等相關的法例；

2. 就工廠登記及根據簽發產地來源證制度提出的有關申請，巡查處所及營運單位；

3. 在各出入境管制站及/ 或其他處所檢查進口或出口貨物；

4. 查核進出口報關單，並評定進出口貨物的價值，以徵收報關費及成衣業訓練附加稅；

5. 執行金錢服務經營者的發牌及規管工作，包括審查有關機構是否遵從規定，以打擊洗錢及恐怖分子資金籌集；

6. 以及根據相關法例執行調查工作。

助理貿易管制主任主要在戶外工作，並且可能須不定時工作，或輪班當值及／或執行隨時候召職務、以及採取拘捕行動並在法庭上作供。

入職條件（助理貿易管制主任）

1. 學歷

(a)

i. 在香港中學文憑考試五科（包括中國語文科、英國語文科及數學科）考獲第2級或同等（註1）或以上成績，或具同等學歷；或

ii. 在香港中學會考五科 (包括中國語文科、英國語文科及數學科) 考獲第2級（註2）/ E級或以上成績，或具同等學歷；及

iii. 三年從事商業、工業、會計或政府工作的相關經驗；

或

(b)

i. 香港任何一所理工大學/ 理工學院或香港專業教育學院/ 工業學院/ 科技學院頒發的文憑或高級證書，或具同等學歷；及

ii. 一年從事商業、工業、會計或政府工作的相關經驗；

2. 符合語文能力要求，即在香港中學文憑考試或香港中學會考中國語文科和英國語文科考獲第2級（註2）或以上成績，或具同等成績；

註：

（1） 政府在聘任公務員時，香港中學文憑考試應用學習科目（最多計算兩科）「達標並表現優異」成績，以及其他語言科目C級成績，會被視為相等於新高中科目第3級成績；香港中學文憑考試應用學習科目（最多計算兩科）「達標」成績，以及其他語言科目E級成績，會被視為相等於新高中科目第2級成績。

（2） 政府在聘任公務員時，2007年前的香港中學會考中國語文科和英國語文科（課程乙）C級及E級成績，在行政上會分別被視為等同2007年或之後香港中學會考中國語文科和英國語文科第3級和第2級成績。

3. 能操流利粵語及英語；

4. 必須是香港特別行政區永久性居民；及

5. 通過遴選程序。

E. 遴選程序

遴選程序包括以下步驟：

1. 筆試

2. 《基本法》測試

3. 遴選面試

F. 薪酬及聘用條款

(a) 薪酬

總薪級表第10點（$24,070）至總薪級表第21點（$42,545）。

(b) 聘用條款

附帶福利包括有薪假期、醫療及牙科診療。在適當情況下，公務員更可獲得房屋資助。聘用條款及服務條件應以發出聘書時的規定為準。

3.2 聘用條款和福利

香港海關的聘用條款和福利有明確並清晰
的規定。

A. 受聘及福利簡介

在 2015 年 6 月 1 日 或 之 後 受 聘 紀 律 部 隊 人 員 的 正 常 退 休 年 齡 為 60 歲。

獲取錄的申請人通常會按公務員試用條款受聘三年。成功通過試用期者或可獲考慮按當時適用的長期聘用條款聘用。（註1）

凡於2000年6月1號或之後按新公務員入職條款受聘，並在試用期期滿後轉為新長期聘用條款的公務員，都能享有「公務員公積金計劃」這一種退休福利制度。（註2）

附帶福利包括有薪假期、醫療及牙科診療。在適當情況下，公務員更可獲得房屋資助。

註1：聘用條款及服務條件應以發出聘書時的規定為準。

註2：適用於在2015年6月1日或之後受聘的人員，政府對公積金計劃作出的供款，包括強制性及自願性供款，按經調整的累進供款率計算如下：

員工按公務員條款受聘並完成的無間斷服務年期	按員工實任職級基本薪金的比率計算的政府供款率
3年以下	5%
3至18年以下	15%
18至24年以下	17%
24至30年以下	20%
30至35年以下	22%
35年或以上	25%

除上項所述外，更為紀律部隊人員提供特別紀律部隊供款，供款率為基本薪金的2.5%。

B. 紀律部隊人員體育及康樂會

「紀律會」（紀律部隊人員體育及康樂會）位於香港銅鑼灣掃桿埔棉花路九號，由兩座六層高建築物所組成，總面積為17,400平方米。

「紀律會」的宗旨是為會員提供體育及康樂（包括藝術、消閒）設施，推廣健康生活之道。

凡現任全職正規紀律部隊人員及文職人員(懲教署、香港海關、消防處、政府飛行服務隊、香港警務處、入境事務處、廉政公署)，均合資格申請成為「紀律會」普通會員。享用特別為紀律部隊人員而設之各項設施。退休後可申請為退休會員。

當中各項設施，包括：游泳池、草地足球場、桑拿室、室內運動場、室內及室外兒童遊樂場、圖書館、電視室、舞蹈室、網球場、桌球室、保齡球場、電子遊戲機室、中、西餐廳、燒烤場等。

C. 海關福利

另外，成為海關一份子，可以使用海關總部大樓的設施，包括餐廳、酒吧、健身室。另外亦可使用位於大欖涌海關訓練學校的草地足球場、網球場和游泳池。

海關關員級同事會根據年資等各項因素，可能可獲分派部門宿舍，或根據政府資助計劃得到住屋資助。海關關員級同事在退休時，退還宿舍，有機會獲分派一間公屋。

海關人員宿舍福利

海關人員輪候紀律部隊宿舍人數

財政年度					
2018-19		2019-20		2020-21 （截至2021年3月1日）	
輪候 宿舍人數	平均 輪候時間	輪候 宿舍人數	平均 輪候時間	平均 輪候時間	平均 輪候時間
641	5.2年	644	4.9 年	707	3.7 年

海關亦設有子女教育基金予海關關員級同事。

D. 薪級表

紀律人員（員佐級）薪級表

薪點	2021年4月1日	2021年9月1日
	（元）	（元）
32		56,025
31a		54,090
31		53,355
30		50,815
29	48,395	48,395
28	46,550	46,550
27	44,760	44,760
26	43,470	43,470
25	42,170	42,170
24	40,955	40,955
23	39,900	39,900
22	38,795	38,795
21	37,740	37,740
20	36,745	36,745
19	35,760	35,760
18	34,785	34,785
17	33,760	33,760
16	32,830	32,830
15	31,910	31,910
14	31,005	31,005
13	30,100	30,100
12	29,185	29,185
11	28,295	28,295
10	27,405	27,405
9	26,555	26,555
8	25,650	25,650
7	24,775	24,775
6	24,045	24,045
5	23,045	23,045
4a		22,725
4	22,405	22,405
3	21,780	21,780
2	21,150	21,150
1	20,585	20,585
1a	20,000	20,000
總關員	薪級表第24至29點	薪級表第26至32點
高級關員	薪級表第15至24點	薪級表第17至26點
關員	薪級表第4至14點	薪級表第5至16點

註：根據紀律部隊職系架構檢討報告書（二零二一年六月）建議薪酬；立法會財務委員會於2021年9月24日批准，當月首日（即9月1日）起生效。

3.3 關員的訓練

當一名投考者成功獲香港海關聘用為海關
關員，便會安排到香港海關學院接受為期
22 星期的住宿訓練，使學員對海關工作和
程序有充分認識。

註：海關訓練學校於 1974 年建成，佔地約 40,000 平方米。整體建築物包括行
政樓、教學樓、教職員樓、多用途場館、學院宿舍、飯堂、資訊科技中心、專
業發展訓練大樓、演講廳、健身室、草地足球場、多用途硬地球場、靶場、游
泳池與、學校會所；另外還有檢閱場和攀爬高牆。

A. 香港海關學院

香港海關學院前身為「海關訓練學校」,於1974年建成,負責為新入職及在職人員提供各項訓練,以及為世界海關組織亞太區的成員提供培訓。

海關訓練學校的督察基本訓練課程及關員基本訓練課程於2018年12月成功通過香港資歷架構評審,有關訓練課程分別獲評為香港資歷架構第五級(即與本地學士學位同級的資歷)及第四級(即與本地副學士學位或高級文憑同級的資歷)課程,而學校亦於2019年1月1日正名為香港海關學院。由2019年1月1日起開始受訓並完成課程的學員將獲香港海關學院頒授「海關管理專業文憑(督察)」或「海關關務專業文憑(關員)」。

B. 學分減免

學院亦於2020年6月與香港公開大學(即現時的香港都會大學)及香港城市大學展開合作,為基本訓練課程提供執法理論培訓及學位課程銜接途徑。新引入的培訓內容除包括犯罪學、社會學及心理學的基本概論外,亦涵蓋衝突管理、傳媒關係和公共服務管理等知識。

完成訓練課程的學員將獲頒發「執法及海關管理證書」,日後報讀該校「執法及保安管理社會科學學士」學位(或榮譽學位)課程時,可獲減免學分。連同該大學於2004年起給予海關人員的學

分減免，合資格的關員最高可獲共五十學分減免，節省約三分之
一的修讀時間和費用；而持有本地認可高級文憑或副學士學歷的
人員或可獲更高學分減免。此外，相關的畢業學員報讀城大專業
進修學院的商業管理高等文憑課程時，可獲減免三十六學分；該文
憑課程更可銜接由城大專業進修學院及英國德蒙福特大學合辦的公
共行政及管理榮譽文學士課程。

C. 香港海關學院設施

香港海關學院佔地約4萬平方米，設多項設施：演講廳、會議室、
課室、資訊科技中心、教學資源中心、學習資源中心、多用途場
館、室外靶場、操場、戶外運動場、健身室、游泳池、草地足球
場、運動攀爬及遊繩下降設施、專業發展訓練大樓及學員宿舍等，
可同時容納350名學員住校培訓。

D. 海關關員訓練

以往新入職的海關關員會在大欖涌香港海關學院接受15星期，每
星期六天的住宿訓練。通常安排是學員星期五完成五天訓練後，
可以回家。星期六再返回訓練學校接受半天或一天特殊課程訓
練，例如基本法、普通話、國家事務研習、急救等。

現在新入職的海關關員會接受22星期的住宿訓練。通常星期五可

以回家，到星期日晚上才再須要返回學院報到。除了海外本身課程外，期間大學會安排導師到學院授課，例如犯罪心理學和認證的課程等。

完成訓練後，學員會出席結業典禮舉行（Passing out Parade），隨後部門會根據專業訓練，讓三年試用期的見習關員到不同科系工作，學習處理旅客、貨物和調查的基本工作。

E. 海關關員訓練課程大綱

- 特區政府架構
- 法律知識及工作程序
- 香港海關的架構功能和職務
- 關員職責、步操和槍械訓練
- 執法社會學及執法心理學、公共服務管理
- 體能、運動攀爬、游繩、基本急救及自衛術
- 水上安全
- 團隊建立訓練
- 其他訓練包括基本法、國安法、基本普通話、國家事務研習、社會服務及越野訓練

香港海關學院

就海關關員職責的主要訓練內容包括：

1. 海關人員執行的主要法律例如：

   (i) 香港海關條例   (ii) 進出口條例

   (iii) 危險藥物條例   (iv) 應課稅品條例

   (v) 版權條例   (vi) 商品說明條例

   (vii) 其他香港海關執行的法例

2. 工作指引、訓令、工作程序

3. 學習撰寫報告、記事冊、錄取口供、錄影會面紀錄

4. 使用儀器，包括對講機、X-光機、離子探測器

5. 法律知識、模擬法庭作供、拘捕權力、證物處理、案件現場處理

6. 在專業發展訓練大樓學習搜查旅客、車輛、貨物、船隻的技巧

完成為期22星期的緊密訓練，學員會有一次結業典禮舉行（Passing out Parade），跟家人分享訓練成果。隨後部門會根據專業訓練，讓三年試用期的見習關員，到不同科系工作，學習處理旅客、貨物和調查的基本工作。

Chapter 04
試前必讀

4.1 中學文憑試和
小組討論比較

中學文憑試實行了多年，很多考生都經歷了當中的中文小組討論。自 2020 年，已取消了中文科小組討論。以下是 DSE 中文小組討論和海關小組討論兩者的簡單比較。

中學文憑試和小組討論比較

	中學文憑試	海關小組討論
人數	4至5人	6至10人
題目	無固定	時事或民生
預備時間	5分鐘	1分鐘
預備工具	筆及草稿紙	無
總結	其中一考生	無規定
討論時間	8至10分鐘	最多25分鐘

上述的簡單比較，目的是讓曾經歷中學文憑試的考生，明白兩者分別，不可以一本通書讀到老。

4.2 小組討論模擬題目

隨著社會的轉變，以下是可能出現的題目：

- 中學文憑試的設立，令準大學生水平下降，繼而影響大學水準？

- 大學的中、英文入學標準不應定為中學文憑試的「3」成績？

- 社會有一種説法叫「贏在起跑線」，所以小朋友要自小催谷，你同意嗎？

- 學校使用電子書，可以提升學生的學習興趣？

- 增加大學學額，令大學生水平普遍下降，你同意嗎？

- 互聯網的發展，降低人與人之間的溝通能力？

- 你同意香港實施電子道路收費嗎？

- 香港的道路經常擠塞，如何解決此老問題？

- 香港應實行不反對「自願死後器官捐贈」？

- 綠置居計劃可以代替新建公共房屋？

- 公屋的數目，是否應該封頂？

- 入住公共房屋應定下居住年限？

- 你認為香港推行家居就業（Home Office）是否合適？

- 政府將設立公務員學院，對此學院有何期望？

- 香港是否應該取消烈酒說？

- 香港應該再增加煙草稅去減少吸煙人數？

- 香港應該禁止售賣煙草？

- 香港是否容許安樂死？

- 政府是否應該重新豁免電動車的首次登記稅？

- 香港是否應該推行家居安老？

- 單身人士輪候公屋，應設年齡限制？

- 公屋配額不應給予單身人士？

- 香港應該發展銀髮產業？

- 「兩元」的乘車優惠年齡，應否下調至60歲？

- 視像教學可以取代實體的課堂教授？

- 最新公屋輪候時間上升至平均5.5年，如何解決公屋等候時間？

- 疫情嚴峻下，學校如何可以引導學生持續學習？

- 內地城市逐漸崛起，香港逐漸減弱。點樣保持香港優勢？

4.3 考生的自我介紹

在最後面試環節，為了令考生放鬆，考官一般會讓考生自我介紹大約 1 分鐘作「熱身」之用。

在考生自我介紹期間，考官會繼續翻閱考生的申請表（G.F. 340）上的資料。因此，考生的自我介紹，可以跟從申請表的編排，作為表達的次序。

由於1分鐘並非很長的時間，考生需要好好把握介紹自己的特點。故此，開首的客套說話，例如「多謝考官給我一個機會來面試」之類，可以省略。

以下所描繪的自我介紹，祇是一個有層次的表達方式供參考，而非一個範本：

1.　個人資料：姓名、年齡（如已婚可以提及）

2.　學歷：曾就讀的中學或大學；達到的最高學歷（如果是大學畢業，請說出主修科目）

3.　工作情況：自學校畢業或輟學後所做的工作（由於填寫申請表到面試，可能相差數個月，令工作資料未及更新）、又或者曾否參加海外工作假期（working holiday）

4.　義務工作：分享義務工作經驗和得著

5.　體育表現：擅長的體育項目和成就

6.　個人專長：擁有的特殊技能

7. 投考原因：適合投考海關關員的因素及個人特質和喜歡紀律
部隊生活原因

考官通常是有好奇心的，所以對一些特別的背景，包括工作行
業、運動項目和專長，會特別注意。

在這裡，不會出現一個完整的例子供參考，原因是每一位投考
者，若跟隨範本模式預備，考官好像收聽錄音重播，衹會感到煩
厭。因此考生只要順其自然介紹自己，便已足夠。當然，説話起
來，不能雜亂無章。

A. 自我介紹參考

以下是一段有序，但平平無奇的自我介紹，大概是240字，口述長度約1分鐘：

我叫陳大文，今年24歲。

我是2020年中學文憑試考生。因為成績不理想，無繼續讀書，出來做事。我曾經做過文員、品質檢查員、倉務員。現在做的工作是船務文員，仲有返工，但發覺冇乜前途，因此想換一份有意義、有前途的工作。於是我揀選了香港海關投考海關關員職位。

除了工作，我平時都喜歡踢波。我從來都未入選做過什麼校隊，剩係間中同朋友踢波。

因為我覺得以我的學歷，我的前途是有限的，所以我試圖尋找一份新的工作。我覺得香港海關適合我，因此便嚟投考。

我因為平時要返工，所以無時間做義工。

我嘅自我介紹到此為止。

4.4 最後面試問題

以下是一些考生常遇見的考題，目的是要顯示考生是否誠實、可靠和看透考生的優點：

1. 請用1分鐘作自我介紹。

2. 點解你現在所講，跟你的申請表有出入？

3. 點解基本法成績咁低？

4. 在學校裡，有甚麼參加過的活動，是令你最難忘？

5. 你曾經去過工作假期，可以講講你在當地做過甚麼？

6. 你從工作假期有甚麼體會？

7. 點解過去一年你正只係做過兼職，無做全職？

8. 畢業後，點解無即刻搵工做？

9. 講一講你現在擔當的工作是甚麼？

10. 其實你依家已經做到師傅級，點解仲要轉工？

11. 現在這份工做得很長，點解不繼續在本行發展？

12. 點解做過這麼多份工，是否老闆對你不好？

13. 我估現在你的收入，應該跟海關關員差不多，為何還想轉工？

14. 照你所講你現在的工作似乎幾好，點解要轉工？

15. 你有甚麼過人之處要海關請你？

16. 點解你覺得海關工作適合你？

17. 除了海關，還有無投考其他紀律部隊？

18. 你幾時開始鍾意做紀律部隊？

19. 知不知道海關有甚麼新的建設？

20. 這個星期，海關有哪些大案件，你可以講出來？

21. 知不知道甚麼是「走私」？

22. 海關徵收稅款，有那幾種貨品？

23. 海關關長是邊一個？同之前個幾位比較，有甚麼特別？

24. 除了返工，平時會做乜嘢？

25. 除了返工，你有無繼續進修？

26. 有無想過繼續進修？

27. 你平時有甚麼娛樂？

28. 你是否喜歡打機？

29. 你有無做過義工？

30. 點解你從來不去做義工？

31. 你這一生人，到現時為止，邊個對你的影響最大？

32. 直到現在，有甚麼事情改變了你？

33. 如果你是關員，下班後，見到一名親友賣冒牌貨品，你會如何處理？

4.5 考生要有的優點和缺點

每個紀律部隊都有自己的文化，海關亦不例外。因此考官的工作，是發掘考生的優點，配合自己部門的文化。

A. 考生被公認的優點

1. 持續學習：勤奮向學是大多數考官所推崇的

2. 喜歡團體生活，例如參加扒龍舟、打籃球、踢足球、排球等具備團體合作精神的體育活動，而非沉迷於電子遊戲機之類較為個人化的活動

3. 喜歡紀律生活：至少已有參加制服團體的經驗，培養了良好的紀律生活

4. 有毅力：例如精英運動員，需要刻苦的精神，努力向目標進發，並能善用時間

5. 勤奮工作：持有正面的工作態度，對上司吩咐的合理工作絕不拒絕，並且努力完成

6. 高的誠信：令人可以倚賴、信服，放心地交付工作

7. 肯「蝕底」：為部門貢獻，不會斤斤計較

8. 關愛：用心關愛別人，認同別人的感受

9. 肯承擔：自己的工作，努力以赴，一定不推卸給別人

B. 考生被公認的缺點

以下是一般認為不能配合香港海關的價值觀：

1. 缺乏進取心：無特別原因而長期無上班或上學

2. 無承擔：只有參與而無貢獻

3. 缺乏合作精神：未有參加團體活動，未必可以跟其他人相處

4. 缺乏誠信：可能引起貪污的問題

5. 懶散 / 做事虎頭蛇尾：令上司擔憂整體行動會否受影響

6. 態度欠積極：浪費上級時間，要緊密監督

7. 無關愛的心：難與其他同事共事，兼且容易開罪別人

8. 自以為是：容易判斷錯誤，影響整個團隊

4.6 投考失敗可能原因

此章節所述的，並非是甚麼成功秘笈，而是務實地，讓有意投考海關關員的投考者，明白部門的要求；亦希望讓更多有心人士，可以達到海關的要求，令海關得到更多人才服務社會。

本書並不會列出失敗的原因，因為除了體能測試有明確的標準外，其他並沒有一套可量化或計算的準則。例如，沒有穿着西裝的男考生或套裝的女考生，敢問是否必定是投考失敗的唯一原因？

一般而言，某些行為或表現，通常都是一種扣分的行為，以下是整個遴選程序所觀察得到的例子：

	表現例子	扣分原因
1.	體能測驗	
	體能項目零分	未達要求（失敗）
	體能總分未足12分	未達要求（失敗）

	表現例子	扣分原因
2.	小組討論	
	沒有穿西裝或套裝	誠意不足
	西裝或套裝很皺	誠意不足
	討論時東張西望	專注不足
	沒有發言	考官無法評分
	滔滔不絕	太自我中心
	打斷他人説話	無禮貌，缺乏耐性
	完全重複別人的説話	缺乏分析能力
	對題目一知半解甚至解錯題	缺乏常識
	無立場	分析力弱
	離開時，遺留個人物品	粗心大意

	表現例子	扣分原因
3.	最後面試	
	全程緊張	自我控制能力差
	沒有穿西裝或套裝	誠意不足
	西裝或套裝很皺	自理能力不足
	入面試室無關門 / 大力關門 / 發出巨響	粗心大意
	坐下時發出刺耳的拉椅聲	粗心大意
	答非所問	未盡全力或有所隱瞞
	說話欠條理	表達能力差
	基本法成績差	無誠意
	投考衹是因薪高糧準工作	「騎牛搵馬」的心態
	低頭回答	缺乏自信
	跟考官沒有眼神接觸	缺乏自信
	謊言或「作大」	無誠信
	坐姿差 / 無挺直身體	太過自我
	抨擊前僱主	太過自我

	表現例子	扣分原因
	批評其他紀律部隊	無紀律精神
	長時間停工停學	缺乏進取精神
	忽然喜歡紀律部隊生活	「牆頭草」的心態
	忽然做義工	虛偽、「走精面」
	無參加體育活動	可能不合群
	無參加團隊活動	可能不懂與人相處
	無法説出適合做關員的質素	性格不適合
	G.F. 340資料填寫混亂	馬虎
	G.F. 340書寫字體潦草	馬虎
	不知香港海關隸屬的政策局	誠意不足
	完全不知香港海關的工作範疇	誠意不足
	不知誰是海關關長	準備不足
	不知海關負責的應課税品名稱	準備不足
	不知甚麼是違禁品	準備不足

	表現例子	扣分原因
	不能分辨在關口工作的入境處和香港海關	準備不足
	不知道過去一週有關海關的新聞	無誠意
	不曉得香港海關的使命	準備不足
	對時事問題無意見	缺乏常識
	處境問題：將自己變成超人，甚麼都可以獨力解決難題	誇大自己
	處境問題：手足無措，不曉解決問題	應變能力低
	死背使命，但不懂得實際的工作重點	分析力低

4.7 資料室：常見控罪及刑罰

條	控罪	最高罰款	最長監禁期
香港法例第109章《應課稅品條例》			
17(1)	進口/ 出口/ 管有/ 處理《應課稅品條例》適用的貨品	$1,000,000	2年
17(6)	管有應課稅品	$1,000,000	2年
34A	不作出申報/ 就《應課稅品條例》第34A(1)或(2)條而言作出虛假或不完整的申報	有代價地不予檢控	
(3)		第1級罰款	
36(1)	在為《應課稅品條例》的施行而擬備/ 提供的文件中作出不完整的陳述、申報或聲明/ 提供不正確的資料	$1,000,000	2年
香港法例第362章《商品說明條例》			
12	進口/ 出口應用虛假商品說明/ 偽造商標的貨品	$100,000（簡）	2年（簡）
(1)		$500,000（公）	5年（公）
香港法例第60章《進出口條例》			
6A	在沒有許可證的情況下輸入/ 輸出戰略物品	$500,000（簡）	2年（簡）
(2)		無限額（公）	7年（公）

6C	在沒有許可證的情況下輸入香港法例第60A章《進出口（一般）規例》附表1第I部所指明的禁運物品	$500,000	2年
(1)	在沒有許可證的情況下輸入香港法例第60A章《進出口（一般）規例》附表1《第II部所指明的禁運物品$500,000（簡）	$500,000（簡）	2年（簡）
		$2,000,000（公）	7年（公）
香港法例第528章《版權條例》			
118(1)	在沒有有關版權擁有人的特許下，將版權作品的侵犯版權複製品輸入香港，但並非供私人和家居使用	第5級罰款	4年
(b)		（每件侵犯版權複製品計）	

香港法例第134章《危險藥物條例》			
4(1)	販運危險藥物	$500,000（簡）	3年（簡）
(a)		$500,000（公）	終生監禁（公）
8(1)	管有危險藥物	$100,000（簡）	3年（簡）
(a)		$1,000,000（公）	7年（公）
36(1)	管有適合於及擬用作吸食、吸服、服食或注射危險藥物的管筒、設備或器具	$10,000	3年
香港法例第390章《淫褻及不雅物品管制條例》			
21(1)(c)	輸入淫褻物品以供發布	$1,000,000	3年
香港法例第145章《化學品管制條例》			
3	將附表1或2所指明的物質輸入香港	$500,000（簡）	3年（簡）
(a)		$1,000,000（公）	15年（公）

香港法例第132AK章《進口野味、肉類、家禽及蛋類規例》			
Reg4(1)(a)(i)	輸入沒有衛生證明書的肉類／家禽	第5級罰款	6個月
Reg4(1)(ab)(i)/(iii)	輸入沒有衛生證明書／衛生主任書面准許的蛋類	第5級罰款	6個月
香港法例第137章《抗生素條例》			
5(1)	管有抗生素	$30,000	12個月
香港法例第138章《藥劑業及毒藥條例》			
23(1)	管有毒藥表第I部所列毒藥	$100,000	2年
香港法例第586章《保護瀕危動植物物種條例》			
5(1)	沒有許可證而進口附錄I物種的標本	第6級罰款	1年
11(1)	沒有許可證而進口附錄II物種或附錄III物種的標本	第5級罰款	6個月
香港法例第238章《火器及彈藥條例》			
13(1)	沒有牌照而管有槍械／彈藥	$100,000（公）	14年（公）
釋義： 簡：表示循「簡易程序定罪」 公：表示循「公訴程序定罪」			

罰款級數（參閱香港法例第221章附表8《刑事訴訟程序條例》）	
施加的罰款級數	罰款
第1級罰款	$2,000
第2級罰款	$5,000
第3級罰款	$10,000
第4級罰款	$25,000
第5級罰款	$50,000
第6級罰款	$100,000

4.8 資料室：海關招募情況

根據海關關長回覆立法會審核2021至22年度開支預算，從2018年至2021年2月28日的過去三年，香港海關的招聘實況如下：

退休人數：

職系	2018-19	2019-20	2020-21 （截至2021年2月28日）
海關監督/督察職系	28	28	19
關員職系	126	116	81
貿易管制主任職系	24	13	18
其他職系	19	19	21
總數	197	176	139

申請海關督察及關員職位的人數：

職系	2018-19	2019-20	2020-21 （截至2021年2月28日）
海關督察	沒用進行公開招聘	9,273	7,397
關員	15,869	12,927	14,345

新入職海關督察及關員的年齡分佈：

	海關督察（人數）				
	25 歲以下	25至30歲	31至35歲	35歲以上	總數
2018-19	26	35	4	0	65
2019-20	4	11	1	0	16
2020-21（截至 2021年2月28日）	13	33	8	0	54

	關員（人數）				
	25歲以下	25至30歲	31至35歲	35歲以上	總數
2018-19	394	444	34	0	872
2019-20	140	185	8	0	333
2020-21（截至 2021年2月28日）	61	91	6	0	158

新入職海關督察及關員的性別：

	海關督察（人數）		
	男	女	總數
2018-19	46	19	65
2019-20	12	4	16
2020-21（截至2021年2月28日）	37	17	54

	關員（人數）		
	男	女	總數
2018-19	723	149	872
2019-20	250	83	333
2020-21（截至2021年2月28日）	109	49	158

新入職海關督察及關員的學歷：

	海關督察（人數）				
	本地大學*學位	非本地大學學位	副學位 /高級文憑	其他**	總數
2018-19	61	4	0	0	65
2019-20	14	1	1	0	16
2020-21（截至2021年2月28日）	48	6	0	0	54

	關員（人數）						
	本地大學*學位	非本地大學學位	副學位 /高級文憑	毅進文憑	香港中學文憑考試五科考獲第2級	其他**	總數
2018-19	115	101	339	149	147	21	872
2019-20	59	45	106	64	54	5	333
2020-21（截至2021年2月28日）	24	26	50	28	26	4	158

*本地大學包括香港大學、香港中文大學、香港科技大學、香港城市大學、香港理工大學、香港浸會大學、嶺南大學、香港公開大學（現稱「香港都會大學」）、香港教育大學、香港樹仁大學及香港恒生大學。

**其他包括本地及非本地大學以外的大專院校授予的大學學位。

鳴謝

本書得以順利出版，有賴各界鼎力支持、協助及鼓勵，並且給予專業指導，在內容的構思以及設計上提供許多寶貴意見，本人對他們尤為感激，藉著這個機會，本人在此謹向他們衷心致謝。

香港科技專上書院校長 時美真博士
香港科技專上書院「海關實務毅進文憑課程」各老師及行政部同事

謝煥齊
2021年

看得喜 放不低

創出喜閱新思維

書名	海關投考實戰攻略 Customs Recruitment Guide（增訂版）
ISBN	978-988-74807-5-4
定價	HK$138
出版日期	2021年11月
作者	謝煥齊（前香港海關訓練學校教官）
責任編輯	Mark Sir、投考公務員系列編輯部
版面設計	陳沐
出版	文化會社有限公司
電郵	editor@culturecross.com
網址	www.culturecross.com
發行	聯合新零售（香港）有限公司
	地址：香港鰂魚涌英皇道1065號東達中心1304至06室
	電話：（852）2963 5300
	傳真：（852）2565 0919

網上購買 請登入以下網址：

一本 My Book One　　香港書城 Hong Kong Book City

www.mybookone.com.hk　　www.hkbookcity.com